杜鹃花科山月桂引种适应研究

全文选等　著

吉林科学技术出版社

图书在版编目（CIP）数据

杜鹃花科山月桂引种适应研究 / 全文选等著. -- 长春：吉林科学技术出版社，2020.8
ISBN 978-7-5578-7413-1

Ⅰ. ①杜… Ⅱ. ①全… Ⅲ. ①杜鹃花科－引种－研究
Ⅳ. ① S685.213

中国版本图书馆 CIP 数据核字（2020）第 165187 号

杜鹃花科山月桂引种适应研究

著　　者	全文选等
出 版 人	宛　霞
责任编辑	杨超然
封面设计	李　宝
制　　版	宝莲洪图
幅面尺寸	185mm×260mm
开　　本	16
字　　数	210 千字
印　　张	4.75
版　　次	2020 年 8 月第 1 版
印　　次	2020 年 8 月第 1 次印刷
出　　版	吉林科学技术出版社
发　　行	吉林科学技术出版社
地　　址	长春净月高新区福祉大路 5788 号出版大厦 A 座
邮　　编	130118

发行部电话/传真　0431—81629529　　81629530　　81629531
　　　　　　　　　　81629532　　81629533　　81629534

储运部电话　0431—86059116

编辑部电话　0431—81629520

印　　刷	北京宝莲鸿图科技有限公司
书　　号	ISBN 978-7-5578-7413-1
定　　价	50.00 元

内容简介

本书是在美国山月桂植物资源引种栽培和研究基础上完成的专著，旨在为特色花卉种质资源引种、培育与管理提供参考。全书共分为5章：第1章介绍美国山月桂的分布与研究；第2章是美国山月桂的育苗技术；第3章是美国山月桂的组培苗引进与栽培；第4章是美国山月桂的引进与栽培技术总结；第5章是山月桂人工授粉技术。

本书可供从事园艺花卉资源引种、培育与管理工作人员，高等院校及科研单位的学生、教师和工作人员，从事园林、园艺、林学方面相关人士，以及花卉爱好者参考使用。

前　言

　　中国是园林之母，有很丰富的观赏园艺植物资源。目前，系统开发和利用的商业化栽培品种在市场很少，国内很多优良观赏木本植物及栽培品种大部分是在国外选育并投放市场。因此，引种国外优良的观赏园艺植物品种及技术是非常必要的。

　　山月桂（*Kalmia latifolia* L.）为北美洲东部土生土长的常绿灌木。尽管北美和东亚的植物非常相似，但山月桂属（Kalmia）只产北美洲，在欧洲、亚洲的韩国、日本已成功引种栽培。山月桂属是杜鹃花科在北美洲的特有属，同我国的常绿阔叶杜鹃极其相似，区别在于雄蕊花药在花蕾的花囊中，具有常绿、耐寒、适应性强、树形美观、花色多变、艳丽夺目、观赏价值非常高等优良特性，是有很大潜在开发利用前景的园林绿化树种和花木。在美国和欧洲观赏植物市场上占有很重要的地位。全世界现有 160 多个山月桂变种，其中美国有 70 多个。引种美国原产的山月桂，不仅可以丰富我国常绿观赏植物资源，填补我国山月桂引种的空白，更重要的是引进了有潜在经济价值的乡土观赏植物的开发利用模式，非常必要。

　　贵州的气候温暖湿润，属亚热带湿润季风气候。气温变化小，冬暖夏凉，气候宜人。山月桂引种地省会贵阳市年平均气温为 14.8℃，比上年提高 0.3℃。全省通常最冷月（1月）平均气温多在 3℃ ~ 6℃，比同纬度其他地区高；最热月（7月）平均气温一般是 22℃ ~ 25℃，为典型夏凉地区。降水较多、雨季明显，阴天多、日照少。贵州优良的气候资源为山月桂的成功引进提供了基础，贵州师范大学、贵州科学院的研究团队历时九年联合推动这一优良种质资源的引进、栽培和育种，取得了一定的成绩。

　　全书共分为 5 章：美国山月桂的分布与研究；美国山月桂的育苗技术；美国山月桂的组培苗引进与栽培；美国山月桂的引进与栽培技术总结；山月桂人工授粉技术。

　　参与本书研究和写作的主要有贵州师范大学的全文选、周艳、李朝婵等，以及中国科学院遥感与数字地球研究所的陈雪鹃，全书由贵州师范大学乙引教授主审；项目组得到了美国乔治亚大学张冬林教授、美国康州农业试验站的 Richard Jaynes 研究员、贵州科学院陈训研究员的亲自指导和支持。本书参考大量国内外同行的文献资料，一并致谢。由于作者水平有限，加之时间仓促，书中若有错漏，敬请读者不吝赐正。

本书是在国家林业局948项目（2012-4-54）、贵州省高等学校特色重点实验室项目（黔教合KY字[2021]002）、贵州省林业科研项目（黔林科合[2012] 10号）共同资助下完成的，在此一并感谢。

全体作者

2020年12月

目　录

第 1 章

美国山月桂的分布与研究

1.1 美国山月桂的分布

山月桂为北美洲东部土生土长的常绿灌木，从阿拉斯加到古巴均有分布，山月桂属（*Kalmia*）与杜鹃属（*Rhododendron*）同属于杜鹃花科（Ericaceae）植物（Stevens et al.，2004）。卡尔·冯·林奈是动植物双名命名法的创立者，自幼喜爱花卉，曾游历欧洲各国，拜访著名的植物学家，搜集大量植物标本。1753年出版《植物种志》，对动植物分类研究的进展有很大的影响。佩尔·卡姆在北美寻找能够适应瑞典气候的植物，北美植物的记载和收录至少90种归功于他的收集，林奈用他的名字命名了秀美的山月桂属，以表彰他对山月桂的采集、描述和研究。罗伯特·约翰·桑顿博士是一位植物学作家，他非常推崇林奈的学说，倾尽所有出版了《林奈植物性别系统画册》，画册中包含美丽的山月桂绘画。

世界上山月桂属植物有7种，分布于北美洲的北极冻原到南部的热带林地或湿地，是一组特别优美和极具观赏价值的常绿和落叶灌木。其中，阔叶山月桂（*Kalmia latifolia* L.）是人们最熟悉的一种，广泛分布于北美洲东部地区，并被认为是北美最漂亮的常绿灌木，在美国东部山区成片生长，开放时节花海浩瀚。由于花型花色美丽，山月桂被提议为美国国花，同时，它也是康涅狄格州和宾夕法尼亚州的州花。因山月桂的常绿性、耐寒性、优美的树形和多变的艳丽花色，从而受到人们关注，美国早在20世纪初期即开始对山月桂进行开发利用。其中野生种在欧洲也有分布。目前，美国开发出的大部分山月桂品种适应性都非常强，在美国多多个州都生长良好，如马萨诸塞州、缅因州、亚拉巴马州和北卡罗来州。通过南佛罗里达大学系统植物学研究所植物查询系统，查询统计山月桂标本采集地，显示山月桂在美国的分布还有佛罗里达州、路易斯安那州、密西西比州、南卡罗来州和田纳西州。同时，还引种到欧洲、南美洲、澳洲和亚洲等20多个国家和地区，受到广大消费者的青睐。

山月桂在园林应用中得到了广泛的重视，得到很多赞誉。事实上，山月桂早在1624年就被航海学家在他的日记中提到过，1736年美国著名植物学家John Bartram就将活的植物送到英国园林中栽植。因此，有些栽培变种早在欧洲就已选育出，再返回到美国庭园中。今天，山月桂和它的姊妹植物常绿杜鹃一起，都是非常重要的园林观赏花木，经济价值高，育种潜力非常巨大。

自然选择是一个漫长的过程，山月桂一些自然变异类型就是几千甚至几万年变异的结果。对山月桂的人工选育，是从20世纪的60年代开始。当时，有几个自然变异的山月桂，如紫花山月桂和粉红山月桂，被引种到实验苗圃中。美国康州农业试验站的Richard Jaynes研究员专门从事山月桂的杂交育种研究。但因当时山月桂的无性繁殖困难，加之野外采挖被禁止，研究进展非常缓慢。在1970年代，山月桂的扦插育苗得以生根；1980年代，试管育苗获得成功。在这些研究的基础上，山月桂杂交育种得到了快速发展。在1983年前，美国只有 26 个山月桂栽培变种；到 1988 年，就增加到 48 个；到 1997 年，美国的山月桂栽培变种达到 78 个之多。

1.2　美国山月桂的个体与种群特征

1.2.1　山月桂的生长特征

山月桂，在植物学分类中属被子植物门（Magnoliophyta），双子叶植物纲（Magnoliopsida），杜鹃花目（Ericales），杜鹃花科（Ericaceae），英文名：Mountain Laurel，也称阔叶山月桂。常绿灌木，植株 3～9 米高。叶呈卵形，叶长 3～12 厘米，宽 14 厘米。花较小，1～2 厘米，花蕾中有 10 个花囊（雄蕊袋），开花旺盛。花丝像弹簧一样地绷着，花粉成熟时花丝把花药里的花粉弹到雌蕊的柱头，完成传粉受精。花型圆形，颜色从浅粉红色到白色，簇生，花期 4-6 月。山月桂根是须根，呈纤维状，依赖于根系土壤中的菌根真菌，即使在营养贫瘠的酸性土壤中也能确保水分和矿物质的充分吸收。山月桂在荫凉环境下生长良好，过于荫暗会减少开花并产生叶斑，但在光照充足的情况下叶子会变黄。

种子从 9 月到 10 月成熟。蒴果，长椭圆形，每个蒴果有 300-700 粒种子，少数可产生 1000 粒种子。种子靠风力传播，一般在距离植株 15 米以内。种子从秋天开始散落，一直持续到第二年春季。山月桂种子在土壤中可存活数年，研究发现保存 2 至 4 年的种子中仍有平均 71% 种子生活力，8 年后活力下降至 20%。

山月桂茎的生长主要在春季，夏季生长缓慢。山月桂的叶子在第 2 个生长季节的春季末期开始凋落，而一些则持续到第 3 个生长季。因此，山月桂植株上大约二分之一是当年生叶片。山月桂全年落叶，秋季和春季是落叶高峰，叶片的水分含量在夏末达到高峰，而在春季则最低。

山月桂天然种群存在于岩石较多的山坡和森林地区，在酸性土壤中生长旺盛，适宜的土壤 pH 在 4.5-5.5 范围内。山月桂植物通常形成致密的灌丛，占据森林群落的下层。在美国阿巴拉契亚山，山月桂呈树形，是橡树林的伴生种，主要生长于林窗或开阔的裸地。

目前，人工选育许多不同花色的山月桂品种。市场上的品种主要来源于美国康州农业试验站的 Richard Jaynes 研究员，他选育许多品种并命名，是世界公认的山月桂研究的权威（Jaynes，1997），他选育的山月桂品种"Pink Charm"曾获得英国皇家园艺学会功勋奖。

山月桂品种繁多，控制观赏性状的遗传基因并复杂，植物常用的繁殖技术是种子繁殖，无性繁殖也是山月桂常用的手段，主要有扦插和组织培养。在 1980 年，科学家推出的木本植物培养基（WPM 培养基）就主要是针对山月桂和杜鹃组织培养而推出的，之后该培养基配方广泛应用于木本植物的组织培养中。

1.2.2 山月桂的授粉方式

山月桂特殊的花瓣性状和特性，吸引了广大学者进行研究，山月桂属最鲜明的特征是其花粉的释放机制,山月桂也因其授粉方式的特殊而引人注目,10个雄蕊存于花囊（雄蕊袋）中，随着花的生长过程，其雄蕊的花丝弯曲并拉紧。当昆虫落在花上时，花丝释放张力，将花粉推到到昆虫和雌蕊柱头完成授粉。研究表明，花丝能够将花粉弹射达到 15 厘米的距离，美国物理学家 Bygrig 于 1950 年代就对此现象着迷并进行了一系列科学实验。

1.2.3 山月桂种群生态学研究

由于缺乏竞争和干扰，野生山月桂（*Kalmia latifolia*）广泛分布在美国东部阿巴拉契亚山脉。山月桂植株可以长到 4 米高，同时有厚大的常绿叶片。山月桂种群不断扩张并形成形成致密的灌木丛，这使得其它乔木树种的更新艰巨而漫长。山月桂是具有化感物质的灌木之一，能够形成森林更新的障碍。自 20 世纪 50 年代以来，山月桂灌丛在阿巴拉契亚山产生和发展，干扰橡树林（*Quercus spp.*）森林的更新。山月桂的覆盖率必须降低到 20% ~ 30%，才可以有效刺激橡树天然更新。在该地区，人们更愿意去采取措施去控制山月桂灌丛的扩张。土地管理者一般使用机械手段或规定的火种来控制山月桂灌丛，但这些处理费用高昂，长期效果不明显。有学者采用不同频率和不同月份的除草剂处理，发现采用特定的除草剂可控制山月桂灌丛扩张。也有学者研究认为山月桂的清除方法都存在操作问题，由于没有能够长期抑制山月桂树并防止其再发育的除草剂，因此，没有必要进行除草剂研究。所测试的化学方法、火除方法、机械清除等无法在几年内山月桂灌丛扩张方面提供有效的控制。

位于西班牙加那利群岛山月桂种群更多的关注了其衰退机制与拯救、保护的研究，包括树种的更新策略、物种的演替状态和生态特征，以及气候变化及其对种群的潜在影响。也有关注灾害对山月桂种群的影响研究，如火灾减少了山月桂种群中植物茎的数量，改变了土壤土壤微生物组。

在胁迫生态学方面，山月桂是干旱地区水资源的有力竞争者，日本学者对山月桂的内生菌进行研究，发现内生放线菌诱导和增强山月桂组培苗的抗旱性。山月桂可适应广泛的光照条件，Al-Hamdani 等发现山月桂叶片叶绿素 a：b 的比值低于其他林下树种，认为此特征是山桂树适应低光照的主要原因。

1.2.4 山月桂的用途与毒性

山月桂除重要的观赏价值外，也有着其他的一些用途。山月桂生长缓慢，其木材质地坚硬而脆，有紧实的直纹。适合做花环、家具、木碗和其他家具物品，也可以用于扶手或护栏。

山月桂叶片含有毒害物质，主要是 grayanotoxin 和 arbutin。植株的花、嫩枝和花粉以及由它们制成的食品可能引起人肠胃不适。

1.3　美国山月桂的选育与引进

1.3.1　山月桂的选育技术

美国对山月桂（*Kalmia latifolia* L.）的人工选育工作是在 20 世纪 60 年代开始，康州农业试验站的理查德（Richard Jaynes）研究员专门从事山月桂的杂交育种研究。但因当时山月桂的无性繁殖困难，加之野外采挖被禁止，研究进展非常缓慢。在 1970 年代，山月桂的扦插育苗得以生根；1980 年代，试管育苗获得成功。在这些基础上，山月桂的杂交育种得到了快速发展。在 1983 年前，美国只有 26 个山月桂栽培变种；到 1988 年，就增加到 48 个；到 1997 年，美国的山月桂栽培变种达到 78 个之多。理查德研究员利用所收集到的自然变异类型，进行杂交育种，并培育出 30 多个具有明显杂种优势的山月桂优良品种。这些新的山月桂栽培变种不仅具有极高的观赏价值，得到了一批不同花型、不同花瓣类型、不同花色和不同花的结构等育种资源。即使无花瓣的山月桂栽培变种，开花时也很吸引庭园花木爱好者。目前，大部分栽培变种适应性非常强，在美国多数州均生长良好。这些新栽培变种不仅广泛栽植于美国各地，并且引种到欧洲、南美洲、澳洲和亚洲等 20 多个国家和地区，受到广大消费者的普遍欢迎。

借助现代生物技术，山月桂的育种又有一个新的大发展。在 2006 年，张冬林教授就开始建立木本植物的快速繁殖系统。该系统是在人工杂交育种的基础上，充分利用现代的性状特征的分子标记和胚胎发育技术，将原来需要 10 多年的传统木本植物育种方法，速短到 1-3 年时间。全世界现有 160 多个山月桂变种（品种）已登录。这些新山月桂栽培变种不仅具有极高的观赏价值，最为重要的是在抗逆性等方面取得了重大突破。如"Bullseye""Carousel""Tinkerbell"能在零下 37℃的低温下安全越冬。

1.3.2　山月桂植物在中国的研究

在 20 世纪 90 年代之前，山月桂属植物并没有受到国内园艺学家的重视。山月桂因其叶色浓绿、四季常青，淡粉红色的花朵精美可爱，故而是最宜人的观赏花木之一。然而，山月桂扦插生根相当困难，不仅需花费很大。目前，国内开展山月桂研究的机构主要有贵州师范大学、贵州科学院和中南林业科技大学，其中贵州师范大学与贵州科学院联合率先在国内开展了山月桂资源的引种、栽培和繁育技术，取得了系列成果；中南林业科技大学率先开展了部分山月桂品种的扦插和组织培养研究工作。

胡海峰等（2016）测定和评价高温胁迫下两个山月桂品种的生理响应，以 2 个山月桂品种薄荷（Peppermint）和牛眼（Bullseye）的组培苗为对象，得出山月桂 Peppermint 的半致死温度为 42.6℃，山月桂 Bullseye 的半致死温度为 44.9℃。结合生理判定山月桂 Bullseye 耐热性强于山月桂 Peppermint。这与山月桂的生长特性是一致的，山月桂在引种培养过程中尤其要注意防晒，夏季过热的环境最易造成烧苗死亡的现象。

研究团队从美国引进了 10 余个山月桂品种进入贵州省贵阳市，希望山月桂植物资源的引种能丰富贵州高端木本花卉的资源，加快贵州花卉产业化发展的步伐，同时，在国内发展山月桂产业。虽然通过引种的手段可解决山月桂在我国的有无问题，但山月桂作为花卉新品种在国内发展起来还离不开与其相关的一整套技术的研究开发或者引进消化，尤其是山月桂的本土化引种适应、栽培和保育技术。

1.3.3 山月桂引种的必要性

我国是园林之母，有很丰富的观赏植物资源，但在系统开发和利用这些资源是存在着不足之处。很大一部分中国原产的优良观赏木本植物，新栽培变种大部分是在国外选育出来，并投放到市场上，为外国人创造了很丰厚的经济价值。美国现有商业化的栽培变种 70 多个，日本有 120 多个。因此，引种美国原产的山月桂，不仅可以丰富我国常绿观赏植物的资源，填补我国山月桂引种的空白，更重要的是引进了有潜在经济价值的乡土观赏植物的开发利用模式。部分山月桂栽培品种的主要特性如下：

（1）山月桂栽培变种观赏价值高，市场潜力大

在北美的园艺市场上，山月桂栽培品种观赏价值大，很受广大消费者的喜爱。Raspberry Glow（靓莓）和 Madeline（玛德琳）在市场上的价格比其它同样大小的普通栽培品种高出 1 ~ 2 倍。因此，引进这些栽培品种可满足人们对特殊花卉的需求，又有极好的市场潜力。

（2）适应性广，有利于在我国各地栽培

在选择引进栽培品种时，挑选在美国南北各州表现较好地栽培变种。Sarah（莎拉）在美国中北部表现极佳，特别是在纽约地区。鉴于引种地的气候条件和美国东部相似，引进的山月桂优良变种既能在我国北部省份栽培，又能在南部省份栽培。

（3）叶片常绿，并极耐低温

常绿观赏植物在我国很受欢迎，特别是北方寒冷地区。在栽培品种中，抗寒性较好，Bridesmaid（伴娘）、Elf（小精灵）、Keepsake（信使）等，在美国东北部的缅因州长势较好，均能在零下 37℃ 下越冬。

（4）病虫害少，能丰富常绿观赏植物的资源

引进的山月桂栽培品种不仅具有较强的抗寒性，而且病重害极少。这不仅能丰富我国的常绿观赏植物种质资源，同时，也能够和我国的乡土植物混栽在一起，创造出更绚丽多彩的植物景观。

（5）花色艳丽，开花时间长

花色的选择也是引进山月桂品种的重要因素。引种的栽培品种有红色花（Sarah 莎拉）、红白色（Firecracker 焰火）、粉红色离瓣（Galaxy 银河）、多颜色风轮状（Pinwheel 多彩风车）。它们通常在 6-8 月开花。若同我国的常绿杜鹃栽在一起，就能将它们的盛花期互补。在观赏完常绿杜鹃后，就能欣赏到山月桂。这样就能更好地延长杜鹃观花期，特别是常绿杜鹃和山月桂的观花时间。

（6）育种潜力大，有可能同杜鹃花科其它属种杂交

引进这些山月桂栽培品种的另一个主要目的是进行杂交育种，培育出我国自己的山月桂新栽培变种。在美国国立树木园有一株奇特的杂交植株，它的形态特征介于北美常绿杜鹃（*Rhododendron maximum*）和山月桂之间。美国杜鹃花协会出版过山月桂和常绿杜鹃杂交的照片。尽管这些都没有得到最后的证实，但我们希望能做些属间杂交工作。只要这样，才能最大限度的发挥引种栽培的应用价值。

美国在常绿乡土植物的开发和利用中，山月桂和荷花玉兰（*Magnolia grandiflora* L.）是非常好的典范。荷花玉兰在 19 世纪末就引入我国，广泛地用于行道树和园林绿化中。近年来，我国又在美国的 80 多个栽培变种中，选择引进了近 20 个。山月桂因它常绿耐寒、树型优美和花色艳丽多变，被植物界公认为"最完美"的观赏灌木。美国、欧洲在近几十年来，特别是随着育种和快繁技术的发展，山月桂有许多新的栽培变种得以投放观赏植物市场，被广泛地应用于林缘、道路两旁、绿篱、庭园和野生植被的恢复中。目前，大部分栽培品种适应性强，在美国多数州均生长良好。这些新栽培品种不仅广泛栽植于美国各地，并且引种到欧洲、南美洲、澳洲和亚洲等 20 多个国家和地区，受到广大消费者的普遍欢迎。

观赏植物培育的基础应从优良种质资源的引进开始，只有优良的品种和丰富的自然资源，才能更有效地选育出适合我国栽培的新栽培种，提高观赏植物观赏价值的效益，包括直接的商品价值和环境保护功能。传统的杂交方法是植物选育的基础，但生物技术的快速发展，特别是扦插枝的生根技术和试管育苗的成功，使我们能更好地将筛选的新山月桂栽培品种投放到生产中。另一方面，基因工程方面的突飞猛进和分子技术的不断完善，使我们能借助现代分子技术来指导植物育种工作。特别是分子标记法和性状特征相结合，使我们能在很短的时间内，用分子标记来判断杂交的成功率和是否有我们育种需要的特征。现在，山月桂和它的姊妹植物常绿杜鹃都是非常重要的园林观赏花木，经济价值高，育种潜力非常巨大。

1.4 植物引种与安全

1.4.1 植物引种

植物引种是指一个国家（地区）从其他国家（地区）引进植物种质资源，通过检疫、试种，在本国（地区）种植的过程。引进的植物种质资源包括新作物、新品种（系）、地方品种、遗传材料及作物野生近缘植物，从而充实和丰富本国的作物种类和推广的优良品种以及作为育种的亲本材料。引种栽培主要有移栽、扦插和播种繁殖等方法，引种幼苗能使利用期提前，但它的适应性较种子育苗差。播种期、幼苗期的养护管理是育苗、引种驯化成功的关键。

1.4.2 引种的程序与生物安全

中国自古代就开始引进国外的栽培植物，经历了成百上千年的时间。中国首次有记载的最著名的栽培植物引种者为张骞。公元前 126 年，张骞出使当时的西域各国，从各地引入 15 种作物，包括食用豆类（蚕豆、豌豆、绿豆），蔬菜（黄瓜、大蒜、胡萝卜、芫荽），果树（石榴、葡萄），经济作物（芝麻、红花、胡椒）等。公元 1593 年华侨从菲律宾吕宋岛引入甘薯，首先在福建种植，随后遍布全国各地。16 世纪以后，我国陆续从国外引进马铃薯、玉米、陆地棉、甘蓝、洋葱、辣椒等作物。近 200 年来又陆续引进一大批新作物，如橡胶、可可、咖啡、亚麻、剑麻、红麻、甜菜等经济作物和多种果树、蔬菜、牧草、花卉、药材、林木作物（王述民等，2011）。美洲引进的就有 27 种。中国引进的花卉作物有郁金香（*Tulipa gesneriana* L）、君子兰（*Clivia miniata* Regel）、荷兰菊（*Aster novibelgii* L）、长寿花（*Kalanchoe blossfeldiana* Poelh）、四季秋海棠（*Begonia semperflorens* Link et Otto）、矮牵牛（*Petunia hybrida* Vilm）等共 45 种。

植物品种类型是在一定生态条件下经长期自然选择和人工选择而形成的，其生长和发育需要一定的生态条件。因此，引种能否成功的关键在于引种地区与原产地区生态条件差异程度的大小。瓦维洛夫曾提出应用"气候条件相似论"，其观点是引种地区与原产地的生态条件相似时引种容易成功。引种时要考虑的生态条件包括气温、日照、纬度、海拔高度、土壤、植被、雨量分布、栽培管理水平等。因此，引种的一般原则是按照生态条件选择相适宜的品种。中国对各主要作物都根据其所需生态条件划分为若干生态区，一般在区内相互引种容易成功，而区间引种则较难成功。由于作物品种群体中的异质性，经过一定时间的种植，会逐渐适应新的环境条件，另一种做法是采用相应栽培技术适当调整环境条件使之适于品种要求。

根据引种地的生态条件和栽培特点有目的引进一定数量的材料，也可通过国际同行协作或交流引进材料。为防止病、虫、杂草从国外或外地传入，须严格遵守植物检疫制度。品种观察，在有代表性的地块上用有代表性的方法，小量种植引进材料，在全生育期对材料进行观察并与对照比较。特性鉴定，根据育种的需要对引进材料进行抗病虫、抗逆、品质或其他遗传特性鉴定，得出有用的材料供育种利用。

1.5　山月桂种质资源的引进

1.5.1　引入地概况

山月桂的观赏价值和经济价值都是极为巨大的，山月桂可以作为盆景、可以进植物园、可以走进千家万户，它的引进能丰富贵州乃至我国的木本花卉品种资源、补充品种类型，并且可以通过基因杂交培育新品种，对推动贵州杜鹃花卉花卉的研究与产业化的进程有着积极的作用。但是，作为首次引进的物种，国内对山月桂的了解和研究几乎为空白，尤其是山月桂在国内推广应用必不可少的种苗繁育技术及配套栽培技术的缺乏，必将成为限制山月桂在国内发展的关键技术问题，即使是从国外引进消化也需要一个过程。

前 3 次引种贵州省贵阳市白云区、云岩区，第 4 次引种贵州省贵阳市开阳县。贵州的气候温暖湿润，属亚热带湿润季风气候。贵阳市地处贵州省中部，海拔在 800-1300 米之间，属亚热带高原季风润湿型气候区，气候温和、雨量充沛，年降雨量 1000 ~ 1200 毫米，春雨占 27% ~ 29%，夏雨占 41% ~ 45%，秋雨占 21% ~ 24%，冬雨占 5% ~ 6%，主要分布在夏季。空气相对湿度平均 85% 左右，春旱与夏旱均较轻。4-9 月的热量、太阳辐射、降水量均占全年的 70% ~ 80%，雨热同季，适宜大量植物资源的繁衍、生长。白云区位于贵阳市次中心区，海拔高度在 1000 ~ 1350 米之间，气候温和湿润，年平均温度 16℃，年均降雨量 1100 毫米，无霜期 256 天，年日照时间 1420 时，属于乌江水系，生态资源丰富。地表水资源较丰富，水质较好，适合山月桂苗木的浇灌。

1.5.2　种质资源的名称、特性和属性

山月桂品种大约有 16 个，分别为：伴娘山月桂（*K. latifolia* 'Bridesmaid'），花色为粉红色；小精灵山月桂（*K. latifolia* 'Eif'），花色为白色；花爆山月桂（*K. latifolia* 'Firecracker'），花色为粉红；银河山月桂（*K. latifolia* 'Galaxy'），花色为深红；信使山月桂（*K. latifolia* 'Keepsake'），花色为紫色的；玛德琳山月桂（*K. latifolia* 'Madeline'），花色为白色；舞曲山月桂（*K. latifolia* 'Minuet'），花色为红变白；纳尼山月桂（*K. latifolia* 'Nani'），花色为粉红；火焰山月桂（*K. latifolia* 'Olympic Fire'），花色为粉红；

还有婚礼山月桂(*K. latifolia* 'Olympic Wedding')、彩风车山月桂(*K. latifolia* 'Pinwheel')、靓莓山月桂(*K. latifolia* 'Raspberry Glow')、莎拉山月桂(*K. latifolia* 'Sarah')、飘雪山月桂(*K. latifolia* 'Snowdrift')、花心山月桂(*K. latifolia* 'Tiddlywinks')、洋基嘟嘟山月桂(*K. latifolia* 'Yankee Doodle'),它们的花色分别为白色、白变红、红色、红色、白色、粉红、粉红。以下是几种山月桂种质资源的名称、特性和属性详细介绍:

(1)伴娘山月桂(*Kalmia latifolia* Bridesmaid)

亦称阔叶山月桂、美洲月桂。杜鹃花科山月桂属的常绿灌木,产于南美洲东部的大多数山区。它能长到1～6米,叶曾卵形。玫瑰色、粉红色或白色的花朵在枝顶大批成簇开放。花期4-5月初。

(2)小精灵山月桂(*Kalmia latifolia* Eif)

杜鹃花科山月桂,雅致的小花聚成球形,是极受欢迎的花材。株高2～4米,花色小,花丝长,柱头深红色。花瓣上缀有一个个细斑,好像一把把圆圆的小花伞或一顶顶漂亮的花斗笠,该品种花白色。

(3)花爆山月桂(*Kalmia latifolia* Firecracker)

株高1-5米,为杜鹃花属杜鹃花科,属于常绿灌木,其艳丽的花朵、优美的树形在园林绿化、美化环境中有很高的价值,且花可供药用。芽深红色,花开白色,然后变成粉红色。

(4)银河山月桂(*Kalmia latifolia* Galaxy)

株高3～5米,喜冷凉、湿润气候和腐殖质、疏松、湿润的微酸性土壤,需一定光照但不耐暴晒,花冠漏,斗状,钟形,长3～5厘米,白色或带蔷薇色,花朵多,花梗淡绿色或带紫红色;叶片厚革质,长圆形或矩圆状椭圆形。

(5)信使山月桂(*Kalmia latifolia* Keepsake)

为杜鹃花科杜鹃花属植物,常绿灌木或小乔木。生长在海拔2500～4000米的山地阴坡的冷杉林中或林缘草坡上。花型多种多样,色彩艳丽,颇具观赏价值。且枝粗叶芽少,对扦插育苗和嫁接育苗皆不利,成活率低、费用高。

(6)玛德琳山月桂(*Kalmia latifolia* Madeline)

常绿灌木或小乔木,生长在海拔1900-2500m的山坡常绿阔叶林或山地灌丛中,其枝条粗壮、花大,是极好的观赏花。

(7)纳尼山月桂(*Kalmia latifolia* Nani)

喜酸性土壤,直立小乔木或灌木,一般高达3～5米,主枝丛生,伞形树冠,植株丛内分枝具有明显的层性、叶厚革质,花期3-5月,花大深红色,顶生伞形花序,有花10～20朵,观赏价值很高。直根不发达,较大的骨干根分布在地表下20～55厘米的土层内,呈水平或倾斜延生,须根密度很大,纤细如麻絮状,多集中在地表下5～25厘米的土层内。

（8）婚礼山月桂（*Kalmia latifolia* Olympik wedding）

植株从无毛到被各式毛被或被鳞片；小到几毫米，大到 90 厘米；花絮顶生：花冠形状有漏斗形、钟状、花单身管状、叶片常绿、半落叶、落叶、顶端腋生到排成伞形总状或高足蝶状：花色有白色、淡红、紫等。粉红、深红色，淡黄、黄色、深黄、橙色、淡紫、紫红、蓝紫、深紫杜鹃花观赏价值极高，为世界上著名的高山野生花卉之一。

（9）多彩风车山月桂，也叫彩风车山月桂（*Kalmia latifolia* Pinwheel）

为常绿小乔木，高 6 ~ 7 米，幼枝被白色或灰色细绒毛，渐脱落。叶长圆形，披针形或圆状倒披针形，长 1.5 ~ 3.5 厘米，先端尖基部形，上面幼时被丛卷毛，下面被银色绒毛或卷毛，叶柄长 1 ~ 1.5 厘米，近无毛。花 6-10 顶生，总轴长 1 厘米，被红色丛卷毛，花梗长 3 厘米，被白色丛卷毛，花萼 5 齿裂，略被柔毛，花冠钟状，白色或粉红色，长 3 ~ 3.5 厘米，筒内上方有紫色斑点，裂片 5，圆形，雄蕊 12-14 个，不等长，花丝基部被白毛，子房 9 室，被白色丛卷毛，花柱无毛，果柱形，长 1.5 ~ 2 厘米，花期 4-5 月。

（10）靓莓山月桂（*Kalmia latifolia* Raspberry Glow）

其规格小的仅 20 厘米，大的达 4 米，株形健硕，单个花序冠幅可达 20 ~ 25 厘米，花色丰富多彩，盆花显得气派非凡，因此，被誉为"贵族花卉"。

（11）沙拉山月桂（*Kalmia latifolia* Sarah）

长于海拔 1700 ~ 2000 米的山坡灌木丛中，常绿灌木至小乔木，叶长圆形披针形，总状伞形花序，花冠玫瑰红色，花期在 3-4 月。

（12）洋基嘟嘟山月桂（*Kalmia latifolia* Yankee Doodle）

植株高 0.5 ~ 2 米，小枝柔弱稀疏，被柔毛和刚毛。叶纸质，嫩绿色，长 4 ~ 12 厘米，宽 2 ~ 3.5 厘米，先端钝，有凸尖头，基部楔形，边缘有纤毛，叶柄、叶面、叶背面均被柔毛。顶生总状伞形花序，有花 5 ~ 9 朵，5 月上旬开花，先花后叶或花叶同放，花冠宽钟形，5 裂，口径 5 ~ 6 厘米，金黄色至橙黄色，上侧有淡绿色斑点，外面有绒毛；花梗长 12 ~ 25 厘米，有短柔毛，无（或有少数）刚毛；花萼小，有柔毛或长睫毛，并有少数刚毛；雄蕊长等于花冠，花丝中部以下有长柔毛；子房有柔毛，花柱无毛。果圆柱状矩圆形，长 2.5 ~ 3.5cm，有细柔毛和刚疏毛，9-10 月成熟。

（13）奥林匹克之火山月桂（*Kalmia latifolia* Olympic Fire）

这种灌木暗红色的花蕾，开粉红色的花朵，植株 2 ~ 3 米高，冠幅宽大。

第2章

美国山月桂的育苗技术

2.1　植物资源的繁育技术

2.1.1　山月桂繁殖技术研究概况

山月桂产于北美，杜鹃花科山月桂属植物，它并没有象杜鹃花那样受到园艺学家应有的重视。山月桂因其叶色浓绿、四季常青、淡粉红色的花朵精美可爱，尤其是阔叶山月桂作为观赏植物的潜力很大，被誉"最宜人的观赏花木之一"。因其扦插生根困难，时间长（一般4-6个月）、成活率也很低，限制了山月桂的扩繁。过去，山月桂原产地采集大量的野生实生苗出售，使野生资源大大减少。山月桂种子繁殖的实生苗并不困难，但即使在适宜条件下，山月桂的实生苗4-5年或更长时间才能开花。因此，国外研究者用组织培养法繁殖山月桂，并在20世纪80年代获得成功。

2.1.2　植物繁育技术研究

无性繁殖即营养繁殖，主要包括扦插繁殖、组织培养等。18世纪初期的林木扦插技术中使用无性繁殖作为无性系育林的重要环节。20世纪40年代以来，人们认识了插穗生根机理、成功研制了人工合成生长素，出现了自控温度、湿度、光照及人工喷雾装置等设备，使许多难生根的扦插繁殖获得了很大成功。国内外许多资料表明，许多树种都可采用扦插繁殖技术育苗并应用于造林生产。20世纪70年代开始，无性系林业在世界范围内蓬勃发展，一些树种易生根或有性结实率低，自身有无性繁殖优点及有性繁殖的局限性，在无性繁殖中独树一帜。对于一些中等生根能力的用材树种，为克服其建立种子园的一些技术难点和缺点，经无性系选育，已获得一些较易生根的新无性系，并积极推广到无性系造林中。近年来，随着无性系林业的发展，特别是随着优化理论和技术被突破，扦插越来越引起世界各国的关注，扦插与组织培养相结合已成为林木育种、育苗领域的现代技术框架。随着扦插生根技术的不断创新，无性繁殖技术逐渐向难生根树种挺进，并取得了一定成效。

无性繁殖作为林木快速繁殖的一个途径，被应用在树木遗传改良上，并以此为基础进行无性系造林。近些年来，许多国家重视发展无性系育种和无性系林业的研究，取得了显著的成效。巴西和刚果的桉树无性系育种居世界领先地位；德国、瑞典、芬兰和前苏联一直重视欧洲云杉无性系育种和无性系林业的研究；中国育种学家对落叶松的无性繁殖技术也进行了研究，取得了显著的成就。

扦插繁殖是选用植物体的枝、叶、根等营养器官的一部分作为繁殖材料，插入沙、土等基质中，促其生根、发芽，长成完整、独立植株的无性繁殖方法。扦插繁殖具有简单易行、繁殖速度快、成本低、缩短育种年限等优点。扦插能否成功的关键在于插穗能否及时生根，以吸收水分和养分，进行光合作用。同一树种，一般嫩枝扦插较硬枝扦插容易生根，尤其对于难生根树种，嫩枝扦插比硬枝扦插成活率高得多。枝条上端初木质化绿色硬枝的生活力最强；中段半木质化红棕色插穗次之；下段扦插穗较差。中国林科院开发的 ABT 系列生根粉在林木扦插中，不仅能补充插穗生根需要的外源激素及其生根物质，还能促进插穗内源生长素的合成，加速插条下切口的愈合，促进生根。常用的生长调节剂有吲哚丁酸（IBA）、吲哚乙酸（IAA）、α- 奈乙酸（α-NAA）等。用生长素处理插穗，不仅有利于根原始体的诱导，而且能够促进不定根的生长。因此，生长调节剂处理是促进难生根树种插穗生根的重要技术手段。

植物组织培养能大大加速植物繁殖速度。目前，植物组织培养在花卉生产中应用最有成效的领域就是组织培养。对于一二年生及宿根草本花卉来说，其叶、茎器官，甚至有些品种的花、果、实等器官，均可作为培养材料。对于木本花卉来讲，主要是以芽、带芽茎段作为培养材料，组织培养易成功。

应用组织培养技术繁育观赏植物，具有繁殖速度快，不受季节影响等特点，对于优良品种的引进和推广具有重要意义。赵红霞等对杜鹃组培苗的炼苗技术进行研究，得出练苗时放置地点要通风，而且尽量少移动，不通风则易患黑斑病。杜鹃属中性花卉，喜凉爽、通风、湿润的环境。以透光率 25% 遮阳网覆盖，能大大提高成活率。我国近十余年来的文献资料中，关于花卉植物花药、花粉培养成功的报道较少，仅见到臧淑葵等针对四季海棠的花药培养中获得植株成功的报道。

目前，园艺植物资源已引起了国内外科学工作者的关注。国际上有关专家普遍认为，在生物科学迅速发展的今天，拥有种质资源的多少以及研究的深度与广度，对于来来生物科学的研究和生产的发展起着极其重要的作用。虽然目前花卉组织培养有了很大发展，但大多是基础性的工作，与生产上的应用还有一段距离，也许无性繁殖和无菌苗的快速繁殖是最有可能在生产上获得应用的两个领域。

近年来，国内日光改良温室因其成本低、能充分利用丰富的日光资源被广泛运用于花卉栽培。我国在花卉繁殖、栽培、水、肥控制，地上、地下部平衡等方面，有其独到的经验，在充分利用我国丰富的地区生态环境差异上，各地近年进行了鲜切花全年生产及优质盆花、种苗、种球的技术研究。在月季、菊花等少数花卉上，已初步研究并应用一整套的工厂化生产技术。

国外则如美国、荷兰等，主要通过温室类型、自动化技术及节能措施等系列研究，为花卉工厂化栽培提供了优质、高效的花卉设施。不少国家在施肥、灌溉、无土栽培、土壤消毒、机械化栽培以及生长调节剂用于花卉生产上，都已通过研究取得成果然后推广。此外，如意大利的杜鹃花程序栽培的研究成功，把从扦插到开花各阶段的温度、光照、激素处理等要求，都根据试验结果作出详细规定，从而为优质高产提供了保证。

2.2　山月桂植物大棚播种育苗技术

　　植物容器育苗的基质是苗木培育的基础条件，也是决定苗木质量的关键因素。它能为苗木成活和生长发育提供所需的水、肥、气等根际环境，决定着苗木的存活与生长状况，幼苗是植物生长过程中、生活史中最弱的时期，它对环境改变的反应也最为敏感。如何选择和配制好营养基质，对容器育苗的成败起决定作用。山月桂种子很小，萌发需要阳光。杜鹃花科植物播种后要注意浇水保湿，控制温度，温度过高和过低都会影响种子的发芽率，一般不干不浇水，浇水则浇透，土壤湿度以 30% ~ 40% 为宜，空气湿度大约保持在 70% 左右；待苗长至 7 ~ 8 厘米时再次移栽，为保持苗床内的湿度，用塑料薄膜覆盖，移栽 3 月左右可以施肥；育苗期间水分等的管理，也影响着种子的发芽率和苗木的成活率。

　　山月桂育苗大棚可以采用塑料大棚覆盖，采用苗床或穴盘播种，一定苗龄时期也可以采用塑料穴盘进行假植，最后上盆栽培。以塑料大棚为育苗的场所，形成稳定的环境，以进行规模化育苗。

2.2.1　育苗塑料大棚的建造与消毒

　　育苗塑料大棚应选在避风向阳，小气候利于保温，地温回升快，地势平坦，靠近干净水源的地方。避免在风口处、山脚下、地下水位较低的地方建棚。采用钢架构塑料大棚，大棚结构强度高、耗钢量少、防锈性能好、棚内无支柱、操作管理方便、透光率高（图 2-1）。建造规格：跨度在 6.0 ~ 12.0 米，肩高 1.0 ~ 1.8 米，脊高 2.5 ~ 3.2 米，拱距 0.5 ~ 1.2 米，长度 60 ~ 80 米，设计使用寿命 5 年以上。大棚内建造水泥苗床。床面高出步道 15 ~ 30 厘米。床宽 1 ~ 1.5 米，步道 30 ~ 50 厘米。育苗苗床和穴盘在育苗前首先要进行消毒，具体方法是用 1% ~ 2% 的福尔马林液或 0.05% ~ 0.1% 的高锰酸钾喷洒苗床土壤和育苗盘。

图2-1　钢架构塑料大棚

2.2.2　播种与试验设置

山月桂种子采用塑料袋密封包装，常温保存，春季播种，播种试验时间为春季，第一次播种于贵阳市白云区东森公司基地。苗池底部为集水区（高约 5 厘米），中部铺满基质（厚度约 20 厘米），基质采用腐殖土和珍珠岩的混合物（体积比为 4:1），加入 0.25 千克的复合肥进行种子萌发试验。基质 pH 值设置为 3、4、5、6、7、8 等 6 个不同梯度，每个梯度供试种子数均为 100 粒，设置 4 个重复，每个重复 25 粒。

由于山月桂种子特别细小，为避免种子萌发后由于基质过重无法出土的现象，播种基质用腐殖土经粉碎机粉碎，并用配比浓度为 2g/L 的农药"百菌清 23 号"进行杀菌处理；用腐殖土与珍珠岩体积比为 4:1 混合后用于整理苗床。

在大棚苗圃基地的播种池中间选取两小块苗床（每块长 50 厘米，宽约 20 厘米），分别记为 A 区与 B 区：A 区用随机选种法选种播种，B 区用冷水浴选种法进行选种播种。随机选种，就是随机取 1000 粒进行播种；冷水浴，即将种子放入清水中，饱满的种子颗粒下沉，然后用下沉的种子随机取 1000 粒进行播种。在 B 区旁边选择长 10 厘米、宽 10 厘米的 6 个小区设置 6 个梯度的 pH 值进行播种，每个梯度播种 100 粒，每区（小区）间距均为 1 厘米左右。

2.2.3　山月桂种子发芽状况

种子的发芽率是检验种子活力的有效方法，发芽率的高低直接影响植物的生长与繁殖。山月桂种子的萌发试验周期为 30 天，自播种之日算起，每 5 天统计一次发芽率，种子的萌发以胚根突破种皮为准。

图 2-2 可知，山月桂种子在播种 20 天内基本不萌发，种子在播种后 30 天时的发芽数

最多，发芽率最高，最终 A 区的发芽率为 87.2%、B 区的发芽率为 90.2%，A 区的发芽率低于 B 区，由于 B 区的种子是经过水浴挑选的，说明山月桂饱满的种子有利于种子的萌发，播种育苗时要挑选饱满、健壮的种子。

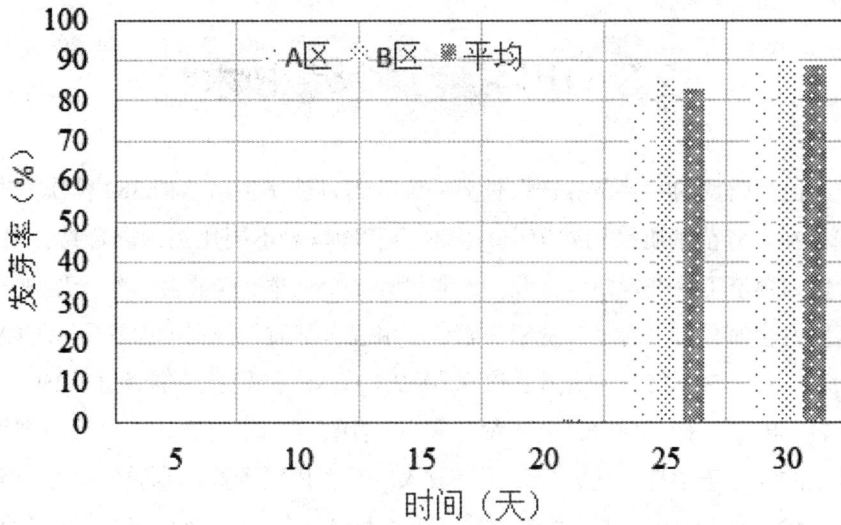

图2-2　山月桂种子的发芽统计

随着基质中 pH 值由 3 升高至 8，山月桂种子萌发数以及萌发率呈现出先升高再降低的情形，当基质的 pH 值为 5 时，种子的发芽率最高，达到了 90%（图 2-3）。

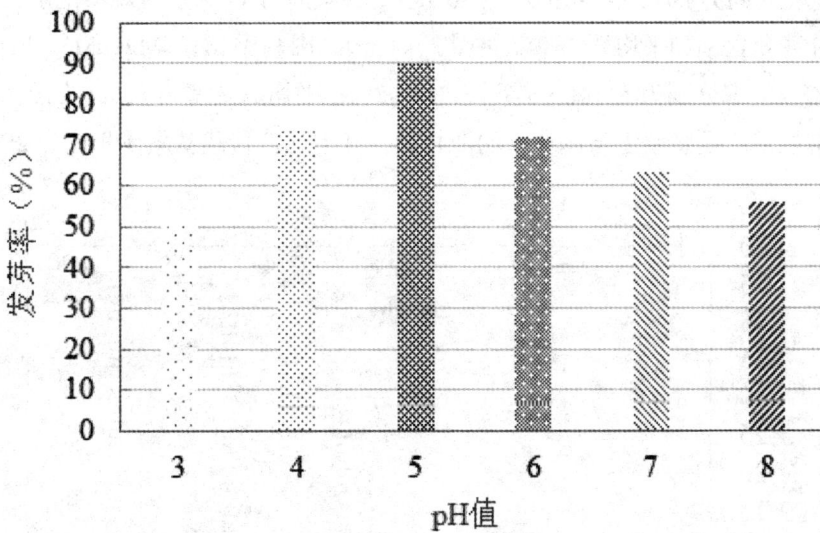

图2-3　不同pH值土壤下山月桂种子发芽率

2.2.4　小结

山月桂首次引入贵州，种子播种的发芽率较高，能适应大棚和苗圃播种育苗。播种前应采取适宜方法挑选优质的种子，以提高种子的发芽率，播种之后要注意水分的管理。春季 2-3 月份播种能达到较好的效果；播种基质可采用腐殖土和珍珠岩的混合物（体积比为 4:1），加入少量的复合肥，基质 pH 值为 5 时发芽较好。

2.3　山月桂苗木移栽技术

山月桂幼苗为萌发的实生苗。选取长势一致的山月桂实生苗植株 384 株作为本次育苗试验的植株材料。育苗基质采用腐殖土、泥炭土和珍珠岩不同比例的混合物。用 48 穴孔的绿色穴盘作为育苗工具进行育苗试验。试验设计 3 个处理 3 个重复，每个处理 30 株。

育苗基质混合前必须用清水冲洗珍珠岩，加水混合基质，分别记为基质 M1（腐殖土：泥炭土：珍珠岩 =1:1:1）、M2（腐殖土：珍珠岩 =2:1）、M3（腐殖土：泥炭土 =2:1）、M4（腐殖土：珍珠岩 =4:1），把基质分别装入绿色穴盘。用镊子随机挑选幼苗移栽如穴盘，用镊子在装有基质的穴盘正中打个孔，把幼苗轻放入小孔，用镊子拔动基质使小苗固定，每个穴孔 1 株，每种基质栽种 96 株，共 384 株。苗木移栽后第一次浇水浇透，晴天每天上午浇水一次，雨天每隔一天浇水一次。移栽苗木后置于大棚，自然光照，保持基质微湿。

2.3.1　山月桂实生苗第一次移栽试验

育苗试验时间为 2012 年 7-8 月（共 60 天），移栽后每 10 天定时观察记录一次死亡数，最后分别计算死亡率和平均死亡率。由图 2-4 可知，用基质 M1、M2、M3、M4 移栽山月桂实生苗的成活率分别为 51%、96%、72%、93%，平均成活率为 88%。因此，适合山月桂播种育苗的基质是腐殖土与珍珠岩的混合物，其中幼苗移栽基质体积比为 2:1 时，成活率最高。

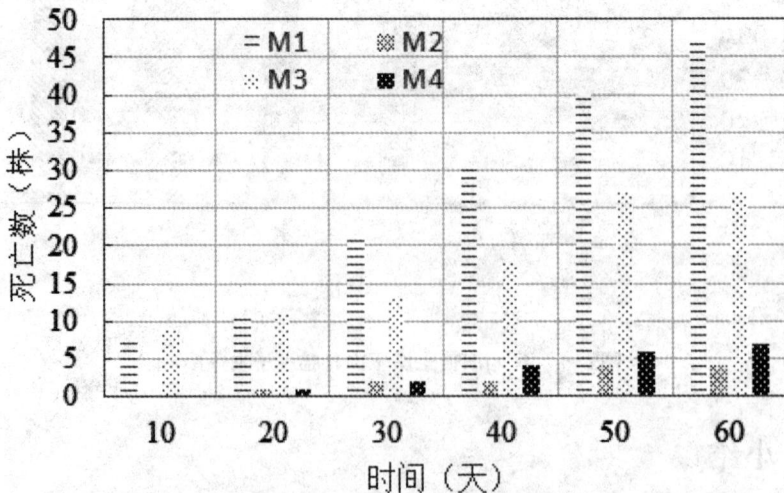

图2-4　不同时间、不同基质移栽实生苗死亡数

　　不同的基质影响山月桂移栽幼苗的死亡率。腐殖土和珍珠岩的混合物体积比在 4:1 和 2:1 时，移栽幼苗的死亡率都在 10% 以下，但移栽幼苗最好的基质是腐殖土和珍珠岩的混合物（体积比为 2:1）；成活之后幼苗在生长期的日常管理（养分、保湿、除草、施肥等）都是很重要的环节。山月桂幼苗在生长期必须注意病虫害的防治、保证幼苗的成活率；浇水时必须用喷雾器或者喷壶，注意保湿。

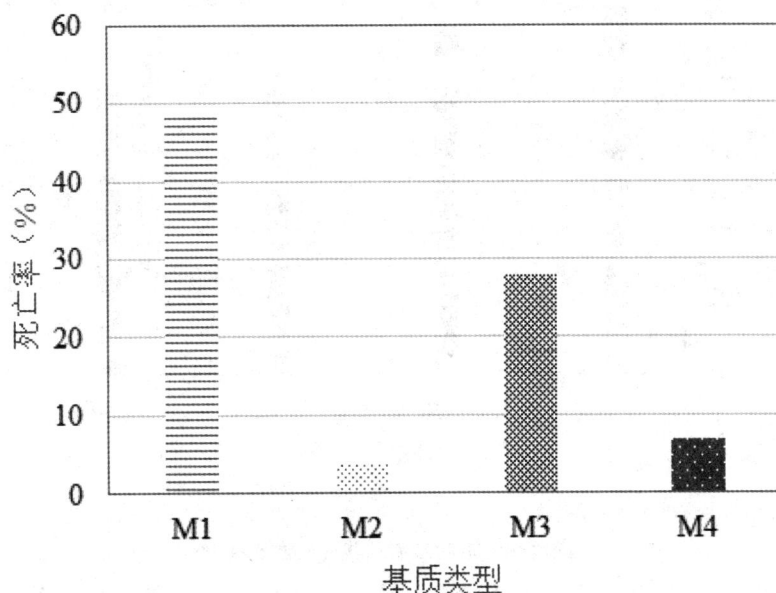

图2-5　不同基质移栽实生苗死亡率

2.3.2 山月桂实生苗第二次移栽试验

　　试验材料为经过第一次移栽的山月桂实生苗，幼苗经历经过越冬，适应性较好。供试苗木数为 100 株，移栽时间为 2013 年 4 月，栽培容器为黑色塑料薄膜花盆，规格（8×10 厘米），基质为 M1（腐殖土：珍珠岩 =4:1 体积比），M2（腐殖土：泥炭土：珍珠岩 =2:1:1 体积比）。设置 3 个处理 3 个重复，每个处理 15 珠。

　　按比例混合基质，栽种时在杯底垫三分之一基质，用塑料拨片深入穴盘大约三分之二处拨出穴盘中的苗木，连基质一起移栽入塑料薄膜花盆中，填入基质，适当压紧，留出 2 厘米左右沿口，便于浇水，栽完后第一次浇水浇透。栽种一周后施缓释肥，每株 10 粒，之后每 3 个月施肥 1 次。待苗木成活后生长 1-2 月再移入白色塑料花盆（规格 17×20 厘米）。栽完后均置于遮阴棚下，每 3 天观察一次，每 10 天记录一次生长情况。

　　（1）山月桂实生苗第二次移栽成活率及生长状况

　　山月桂实生苗二次移栽平均成活率为 77%。用基质 M1（腐殖土：珍珠岩 =4:1 体积比）移栽最终成活率为 76%，基质 M2（腐殖土：泥炭土：珍珠岩 =2:1:1 体积比）移栽最终成活率为 78%。虽然两种基质移栽死亡率相差不大，但基质 M2 移栽生长状况比基质 M1 的好。

移栽 10 天左右开始长新叶，长 1 片新叶需 3 天左右时间（图 2-6）。夏季天气炎热，中午气温高，若进行苗木移栽，特别要注意水分的管理，保持苗木的相对湿度，水分的管理不当也是影响移栽成活率的一个主要因素。

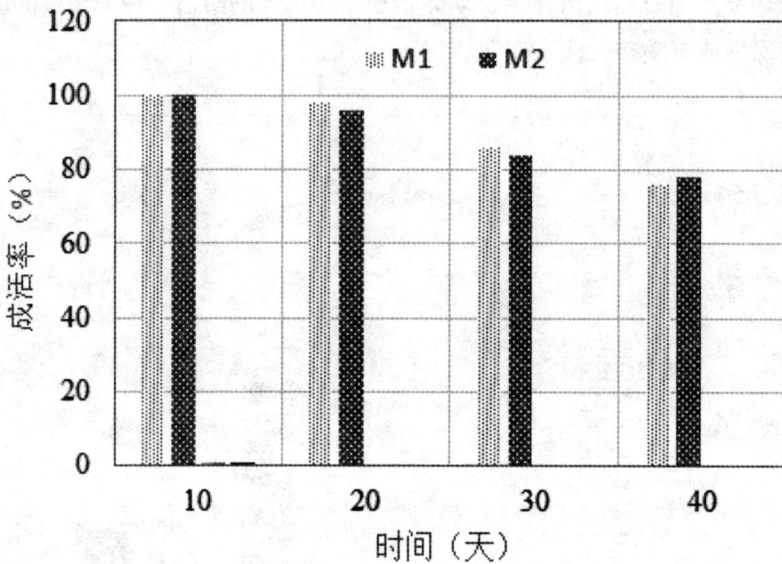

图2-6　不同基质移栽成活率比较

（2）山月桂实生苗第二次移栽的生长节律

在苗木的生长期内，适宜的土壤水分和养分是保证苗木正常生长的重要条件，水分、养分过多或过少都会对苗木的生长造成影响。移栽苗木生长 40 天缓苗后进入生长期，于 2013 年 6 月移栽入白色塑料花盆（规格 17×20 厘米），试验周期约为 205 天，进一步观察幼苗生长节律。山月桂苗木的生长节律观测为苗高生长节律，当山月桂苗基本整齐时，开始定株定期观测，用卷尺测量苗木的株高，每方随机选取 10 株样苗，共 100 株，每周观察 1 次、每 20 天测量一次并计算观测的平均值。

从图 2-7 可以看出，第二次移栽后的山月桂实生苗株高生长节律呈现出明显的"慢—快—慢"的规律。山月桂的株高生长量在前期和后期差别都不大，从移栽成活到生长暂停生长经历了 203 天。

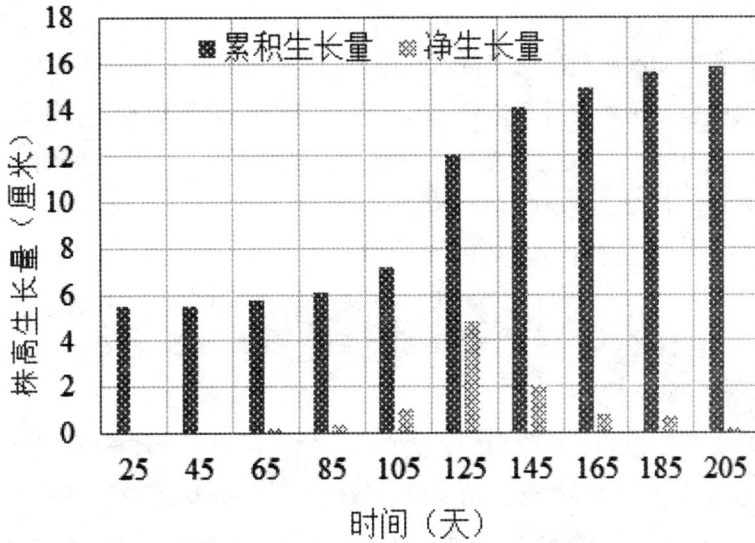

图2-7　实生苗第二次移栽苗高生长量

（3）山月桂实生苗第二次移栽生长时期的划分

将山月桂实生苗株高的生长情况划分为 4 个生长时期，移苗期（04.11 ~ 04.02）、生长初期（04.21 ~ 06.11）、生长盛期（6.11 ~ 09.11）和生长后期（09.11 ~ 12.01）。山月桂移栽苗移苗期生长滞缓，生长初期净生长量占总生长量的 6.18%；生长盛期在夏季到秋初，此时期生长较快，生长盛期净生长量占总净生长量的 83.20%（图 2-8）。营养需求在不断增加，必须每隔 2 ~ 3 月施肥一次，保证苗木生长所需的营养充足，利于苗木的生长。苗木生长后期在秋末至冬季，经历的时间较为漫长，此时段必须注意防寒，防冻或者把苗木移入室内进行养护。

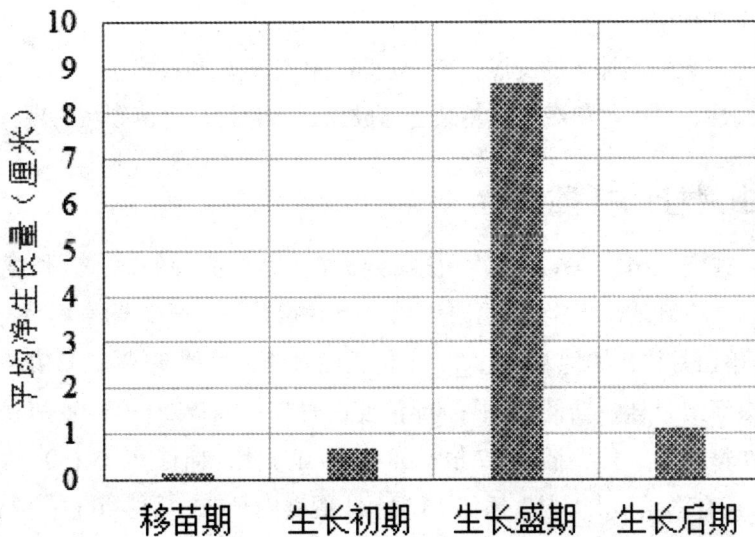

图2-8　苗高生长时期的划分及生长情况

2.3.3 小结

山月桂实生苗在初次移栽后随着苗木的增大，需进行二次移栽。山月桂实生苗第二次移栽过程中仍会死亡，平均成活率达到77%，移栽基质对其成活率的影响较小。缓苗期后的200天左右，苗高生长呈现出"慢—快—慢"的规律；其中，生长盛期历时约90天，期间株高净生长量占总净生长量的83.20%。

2.4 山月桂的扦插繁育技术

扦插是植物无性繁殖的一种常用的方法，分为嫩枝扦插和老枝扦插。扦插基质一般采用珍珠岩，其透气性好，保湿性好。植物扦插繁殖效果受很多因素的影响，其中外源激素对插穗生根起着决定性外因的作用，而母树年龄和插穗发育程度则是插穗生根的决定性内因。

植物扦插繁殖的插穗处理主要用 ABT 生根粉，特别是难生根的植物扦插育苗，它可以促进根系发达，提高扦插成活率，诱导不定根。另外，采样时间、扦插基质、插穗类型、温度、光照和湿度均能影响扦插效果。18 世纪初期的林木扦插技术中使用无性繁殖作为无性系育林的重要环节。20 世纪 40 年代以来，人们认识了插穗生根机理、成功研制了人工合成生长素，出现了自控温度、湿度、光照及人工喷雾装置等设备，使许多难生根的扦插繁殖获得了很大成功，许多树种都可采用扦插繁殖技术育苗并应用于造林生产。70 年代开始，无性系育林在世界范围内蓬勃发展，一些树种扦插易生根，自身有无性繁殖优点及有性繁殖的局限性，在无性繁殖中独树一帜。对于一些中等生根能力的用材树种，为克服其建立种子园的一些技术难点和缺点，经无性系选育，获得一些较易生根的新无性系，并推广到无性系造林中。

近年来，随着无性系林业的发展，特别是随着优化理论和技术被突破，扦插越来越引起世界各国的关注，扦插与组织培养相结合已成为林木育种、育苗领域的现代技术框架。

2.4.1 山月桂的扦插试验

试验材料来自于 2012 年 6 月首次引进的 15 个山月桂品种的穗条，长度均为 8 ~ 10 厘米，上部 2 ~ 3 个叶片，叶片均仅留 1/3（2/3 叶片被剪掉以减少蒸腾）。穗条品种编号，分别为：01 伴娘山月桂，插穗 93 根；02 小精灵山月桂，插穗 95 根；03 花爆山月桂，插穗 59 根；04 银河山月桂，插穗 21 根；05 信使山月桂，插穗 30 根；06 玛德琳山月桂，插穗 54 根；07 舞曲山月桂，插穗 77 根；08 纳尼山月桂，插穗 92 根；09 火焰山月桂，插穗 68 根；10 还有彩风车山月桂，插穗 36 根；11 靓霉山月桂，插穗 46 根；12 莎拉山月桂，插穗 12 根；13 飘雪山月桂，插穗 16 根；14 花心山月桂，插穗 50 根；15 洋基嘟嘟山月桂，插穗 63 根（表 2-1）。

不同品种的扦插基质均为泥炭土：珍珠岩的混合物（体积比为 1:3）；黑色穴盘（每穴盘穴孔 32 个）；荷尔蒙顿 1#、荷尔蒙顿 2#、浓度 1000ppm K-IBA。

表2-1　第一次引进山月桂扦插的插穗及穴盘

编号	中文名	花色	插穗（根）	穴盘数
01	伴娘山月桂	粉红	93	3
02	小精灵山月桂	白色	95	3
03	花爆山月桂	粉红	59	2
04	银河山月桂	深红	21	1
05	信使山月桂	紫色	30	1
06	玛德琳山月桂	白色	54	2
07	舞曲山月桂	红变白	77	3
08	纳尼山月桂	粉红	92	3
09	火焰山月桂	粉红	68	2
10	彩风车山月桂	白变红	36	1
11	靓霉山月桂	红色	46	2
12	莎拉山月桂	红色	12	2
13	飘雪山月桂	白色	16	1
14	花心山月桂	粉红	50	2
15	洋基嘟嘟山月桂	粉红	63	2
合计			812	29

基质选配。将泥炭土与珍珠岩按 1:3 的比例均匀混合，浇透水，用 0.2% 的高锰酸钾溶液喷洒进行消毒，装入穴盘中，装盘时基质不要过于严实。

插穗的处理。用低浓度 1000ppm 吲哚丁酸钾盐（K-IBA）液体、粉状剂（荷尔蒙顿 1 号、荷尔蒙顿 2 号）以及混合处理，每个处理设置三个重复，以蒸馏水作为对照（表 2-2）。

扦插管理。采用完全随机区组方式布置插穗，扦插深度为插穗长度的 1/3~1/2。扦插好后将穴盘置于温室间隙喷雾苗床上，手动喷一次水，管理采用全光照自动间歇喷雾装置，前 2 ~ 3 周每 15 分钟喷雾 10 秒，后设计为 25 分钟喷雾 20 秒，生根以后降低喷水频率，每 40 分钟喷 15 秒，扦插期间温度为 8 ~ 28℃，并覆盖 80% 遮阳网进行降温。

表2-2　山月桂的插穗不同植物激素处理

处理编号	处理

0（CK）	蒸馏水
①	荷尔蒙顿1号，1000 mg/L
②	荷尔蒙顿2号，2000 mg/L
③	K-IBA1000 ppm +荷尔蒙顿2号

2.4.2 山月桂的扦插生根情况

山月桂扦插处理②生根的品种及根数是：09# 处理 4 根、12# 处理 2 根，15# 处理 2 根；处理③的品种及根数是：09# 处理 4 根，14# 处理 2 根，16# 处理 1 根。最长根为处理② 15#，长度为 9.5 厘米，最短根为处理② 12#，长度为 1 厘米（表2-3）。山月桂扦插生根所需时间较长，扦插生根情况不好。扦插能够生根的品种是：09 火焰山月桂、12 靓莓山月桂、14 飘雪山月桂、15 花心山月桂、16 洋基嘟嘟山月桂。

表2-3　不同处理对山月桂扦插生根的影响

处理	生根时间	品种及生根数	最短根（cm）	最长根（cm）
0（CK）	-		-	-
①	-		-	-
②	9月	09#4根、12#2根、15#2根	12#：1厘米	15#：9.5厘米
③	10月	09#4根、14#3根、16#1根	14#：2厘米	14#：8厘米

不同的激素处理，对插穗的生根率、根数和根长有不同的效果。与对照相比，激素处理对插穗的生根率、生根数和平均根长均有显著影响。粉状剂（荷尔蒙顿 2 号，2000 mg/L）处理与 IBA 钾盐液体 1000 ppm + 粉状剂 2000 ppm（荷尔蒙顿 2 号）处理的生根率相差不大。粉状剂（荷尔蒙顿 2 号，2000 mg/L）单独处理，山月桂平均根长和总根长高于其他处理；粉状剂（荷尔蒙顿 1 号，1000ppm）处理没有插穗生根；对照处理山月桂插条不生根，但是有不定根。

使用粉状剂（荷尔蒙顿 2 号，2000 mg/L）处理的插穗，最长根可以达到 9.5 厘米，使用 IBA 钾盐液体 1000 ppm + 粉状剂 2000 ppm（荷尔蒙顿 2 号）处理的插穗，最长根能达到 8 厘米。综合考虑，粉状剂（荷尔蒙顿 2 号，2000 mg/L）、K-IBA 液体 1000 ppm + 粉状剂 2000 ppm（荷尔蒙顿 2 号）是较为理想的山月桂扦插生根剂。

2.4.3 小结

（1）山月桂的扦插繁殖生根率低，生根所需时间较长，进行的扦插试验中能够生根，且最长根达到 9.5 厘米，山月桂引进穗条异地扦插繁殖是可行的。提高山月桂扦插生根率和缩短生根所需时间将是山月桂扦插繁殖的重点和难点。

（2）制约扦插成活的因素是多方面的，包括温度、外源激素、水分、光照、基质类型等，其中温度和激素是影响山月桂扦插生根的重要原因之一。生根剂有粉状和液体的，选用液体的生根剂效果较好。

（3）扦插管理过程中，土壤湿度也是一个重要的条件，选用合适的喷水器有助于扦插生根，要根据植物特性和试验环境选择合理有效的方法进行补水保湿。

2.5　山月桂扦插苗的移栽

2.5.1　山月桂扦插苗移栽成活情况

试验材料为扦插生根苗。移栽基质为腐殖土：泥炭土：珍珠岩 =2:1:1（体积比）。容器为黑色塑料花盆，规格为 8×10 厘米。把生根苗移栽入塑料薄膜。先在塑料薄膜填入基质约到容器的三分之二处，把山月桂生根苗根部放入 50ppm 的生根液中快蘸 5 秒左右，添加基质压密实。第一次浇水用细喷头浇水要浇透。移栽后第 3 天施缓释肥，待苗木生长 45 天左右之后移入塑料花盆。扦插苗移栽之后先每隔 2 天观察一次、每周记录一次生长状况，30 天之后统计成活率；之后每 10 天观察一次、30 天测量记录一次苗高生长变化情况。

由表 2-4 可知，5 种扦插生根山月桂品种移栽的平均成活率 15%。其中，火焰山月桂的成活率最高为 43.75%，生长状况良好。

表2-4　山月桂扦插苗移栽成活率与生长状况

品种	中文名	平均成活率（%）	生长状况
09	火焰山月桂	43.75	出芽2-5个，生长良好
12	靓莓山月桂	6.25	出芽1-2个，生长一般
14	飘雪山月桂	12.50	出芽1-3个，生长较好
15	花心山月桂	6.25	出芽1-2个，生长一般
16	洋基嘟嘟山月桂	6.25	出芽1-3个，生长一般

2.5.2　山月桂扦插苗苗高生长量

山月桂扦插生根移栽苗株高生长节律呈现出"慢—快—慢"的规律。苗木生长量在前期和后期差别不大，从移栽成活、生长暂停、开始发芽经历365天。山月桂扦插苗生长期的时间相对较短，主要集中在 7 月份，总体生长缓慢（图2-9）。

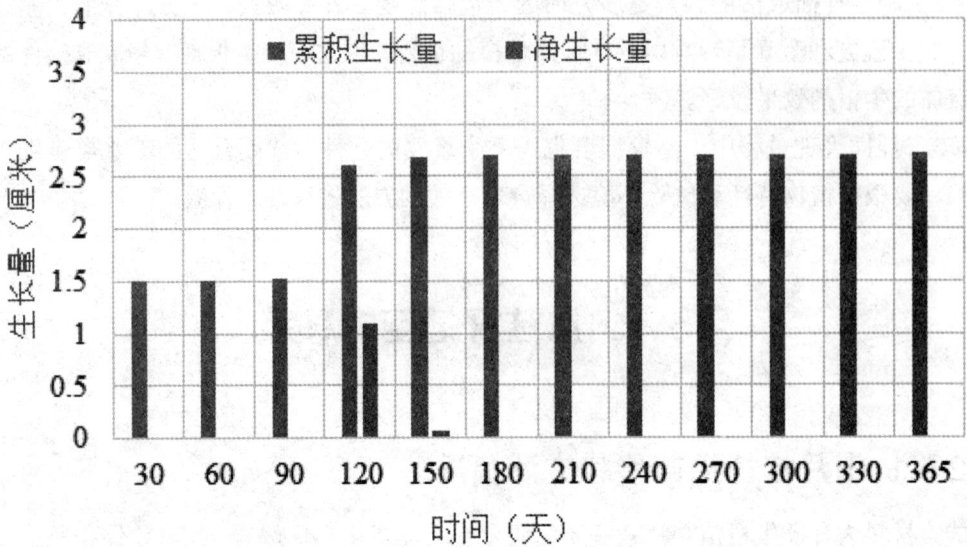

图2-9　苗高生长定期观测结果

2.5.3　山月桂扦插苗苗高生长时期的划分

根据扦插生根苗苗高的生长情况，划分为四个生长时期：移苗期（03.30～05.30）、生长初期（05.31～06.30）、生长盛期（07.01～09.01）和生长后期（09.02～03.30）。山月桂扦插生根苗移苗缓苗期经历时间较长，生长基本处于停滞状态；生长初期净生长量占总生长量0.013%，历时30天；生长盛期净生长量占总生长量的0.972%，延续时间较短，总体约60天，此时期生长相对最快；苗木生长后期经历的时间达到180天，生长也几乎处于停顿状态。

2.5.4　小结

（1）扦插基质选择主要取决于植物的生物学特性，同时与外界环境条件关系密不可分，必须综合考虑选择即能满足植物根系水分、养分及空气等供给的原料，同时又要考虑经济价值，正确选用基质进行扦插是扦插繁殖成功的要素之一。

（2）山月桂的扦插生根苗移栽成活率相对较高，但是生长特别缓慢，经历移苗期—生长初期—生长盛期—生长暂停—发芽生长，在生长期大约7天长一片新叶，但是生长期相对较短。在一年的生长周期中，山月桂扦插苗的苗高净生长量非常低。

（3）移栽扦插苗。在生长过程中，每个时期生长情况是不同的，在苗木生长初期，要注意水分和营养的保持，在生长盛期，所需营养物质增多，可以喷洒不同浓度的营养液施肥相结合，增加基质养分；在苗木的生长暂停期，此时段必须注意防寒，防冻，把苗木移入室内进行养护，阴雨天较多，可以把遮荫棚打开，保持充足的光照。

第3章

美国山月桂的组培苗引进与栽培

3.1 第一次引进山月桂苗木栽培试验

3.1.1 山月桂苗木引进栽培情况

山月桂苗木是首次从美国引进的组培苗，引种时间为 2012 年 6 月 12 日。共引进 15 个品种，306 株组培苗。具体为：伴娘山月桂 20 株，小精灵山月桂 20 株，花爆山月桂 20 株，银河山月桂 20 株，信使山月桂 20 株，玛德琳山月桂 20 株，舞曲山月桂 20 株，纳尼山月桂 25 株，火焰山月桂 19 株，彩风车山月桂 19 株，靓霉山月桂 20 株，莎拉山月桂 20 株，飘雪山月桂 20 株，花心山月桂 20 株，洋基嘟嘟山月桂 20 株。

山月桂组培苗平均株高 6 ~ 8 厘米，叶片均经过修剪，为了过安检植株根部均经过水洗净，变成窝根，不分散，根部没有保留原来栽种的基质；收到的每个品种均已经做好标记，其根部均用白色湿滤纸包裹，这种方法的好处是保持植株根部在长途运输过程中保持足够的水分。生根液为 100ppm 的 K-IAB。

栽培前把栽培基质摊开，加适量水发湿，能更好地保持水分的均衡。准备好栽培花盆，收到生根苗之后就解开包裹根部的白色滤纸，把植株按品种分类分别放入装水高度在 3cm 左右的烧杯中，取适量生根液在准备好的烧杯中，开始进行栽种。栽种方法：在塑料花盆中填入部分混合好的栽培基质，从烧杯中取出 1 株生根苗，放入装有生根液的烧杯中快蘸约 5 秒，取出苗木。将植株坐正，继续加土略过根部，盆里面的土自然密实平整，留出沿口便于对植株进行浇水。第一次浇水要用细喷头浇水且要浇透。周期为 45 天左右，每天观察一次、每周做一次观察记录。其中落叶情况统计周期为 14 天，每 7 天记录一次落叶情况；发芽情况统计周期为 30 天，从第 1 株开始发芽起做记录，之后每 7 天记录一次发芽情况。15 个品种植株 306 株，分 3 个区摆放，每区的品种是随机摆放的。具体如下：

第 1 区 100 株：01-05 号共 5 个变种，分别依次是 01 伴娘山月桂（Kalmia latifolia 'Bridesmaid'），02 小精灵山月桂（Kalmia latifolia 'Eif'）、03 花爆山月桂（Kalmia latifolia 'Firecracker'）、04 银河山月桂（Kalmia latifolia 'Galaxy'）、05 信使山月桂（Kalmia latifolia 'Keepsake'）；

第 2 区 106 株：06-10 号共 5 个变种，分别依次是 06 玛德琳山月桂（Kalmia latifolia 'Madeline'）、07 舞曲山月桂（Kalmia latifolia 'Minuet'）、08 纳尼山月桂（Kalmia latifolia 'Nani'）、09 火焰山月桂（Kalmia latifolia 'Olympic Fire'）、10 彩风车山月桂（Kalmia latifolia 'Pinwheel'）；

第 3 区 100 株：11-15 号共 5 个变种，分别依次是 11 靓莓山月桂（Kalmia latifolia 'Raspberry Glow'）、12 莎拉山月桂（Kalmia latifolia 'Sarah'）、13 飘雪山月桂（Kalmia latifolia 'Snowdrift'）、14 花心山月桂（Kalmia latifolia 'Tiddlywinks'）、15 洋基嘟

嘟山月桂（Kalmia latifolia 'Yankee Doodle'）。

3.1.2 山月桂苗木生长情况

（1）栽种 7 天后山月桂苗木落叶情况

栽种 7 天之后，开始落叶。无落叶株数为 136 株，落叶株数在 5～10 片之间的 122 株，第 2 区中落叶株数最多；落叶数在 5～10 片之间和 10 片以上的皆为 24 株。掉叶率第 1、2 区最高（图 3-1）。从落叶情况分析，栽种 7 天之后，生长表现最好的是第 3 区中的花心山月桂，生长表现最差的是第 2 区中的火焰山月桂。

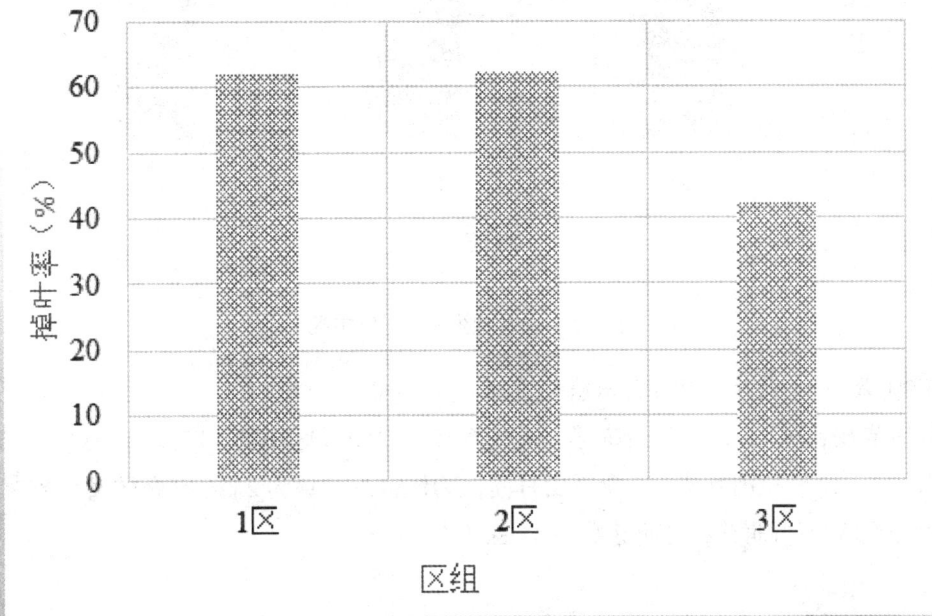

图3-1　三个分区的苗木落叶差异

（2）栽种 14 天后山月桂苗木落叶情况

栽种第 14 天之后，继续落叶，无落叶株数较第一周迅速减少，没有落叶的株数为 58 株，落叶数在 1～5 片之间的为 77 株，5～10 片之间的为 59 株，10 片以上的为 112 株。

山月桂在栽种 7 天之后开始落叶，无落叶的株数共计 136 株，其中第 1 区 100 株中，无落叶株数为 38 株，占供试苗木总数的 12.42%；第 2 区 106 株中，无落叶株数为 40 株，占供试苗木总数的 13.07%；第 3 区 100 株中无落叶株数 58 株，占供试苗木总数的 18.95%，总无落叶数占供试苗木总数的 44.44%。数据显示，第 3 区的生长情况相对第 1 区和第 2 区较好。栽种 14 天之后，无落叶的株数共计 58 株，其中第 1 区 100 株中，无落叶株数为 4 株，占供试苗木总数的 1.30%；第 2 区 106 株中，无落叶株数为 16 株，占供试苗木总数的 5.23%；第 3 区 100 株中无落叶株数 38 株，占供试苗木总数的 12.42%，总无落叶数占供试苗木总数的 18.95%。数据显示，第 3 区的生长情况最好，第 1 区的生长情况最差。

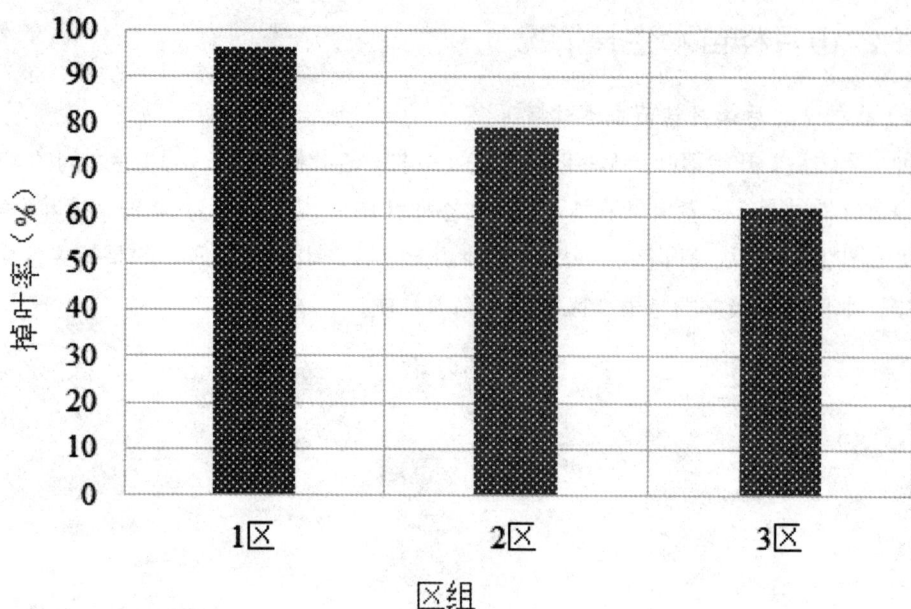

图3-2　山月桂生根苗落叶情况

（3）栽种14天后山月桂苗木萌芽情况

组培苗在栽种15天后开始萌芽，最先发芽的是第3区中的14花心山月桂、15洋基嘟嘟山月桂、12莎拉山月桂、13飘雪山月桂，其中14发芽数为2株，其余的发芽数为1株；栽种40天之后不再萌芽；总萌芽数为41株（图3-3）。

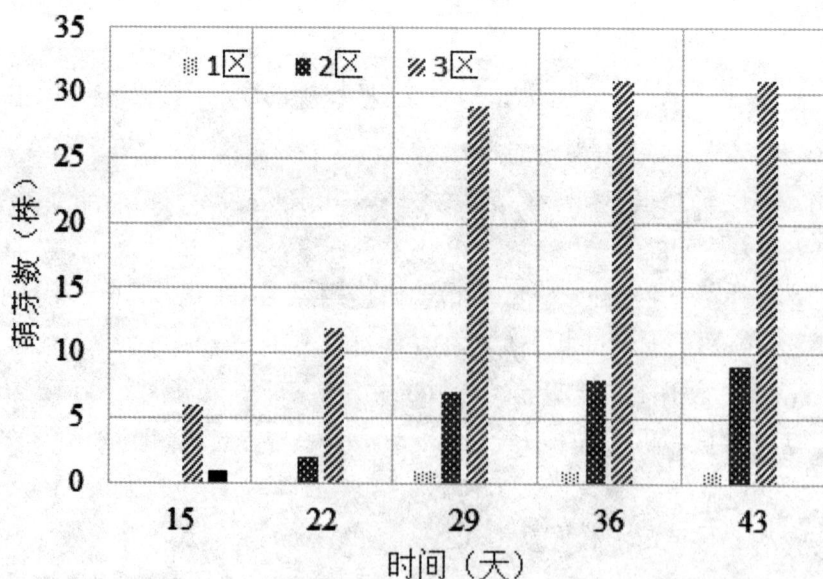

图3-3　每区组培苗萌芽统计

第一次引进的山月桂组培苗栽种 15 天的萌芽率为 1.96%、22 天萌芽率为 4.58%、29 天萌芽率为 12.09%、36 天萌芽率为 13.07%、43 天萌芽率为 13.4%。第 3 区萌芽数最多，萌芽率最高，第 2 区次之，第 1 区最差，最终平均萌芽率为 13.4%。

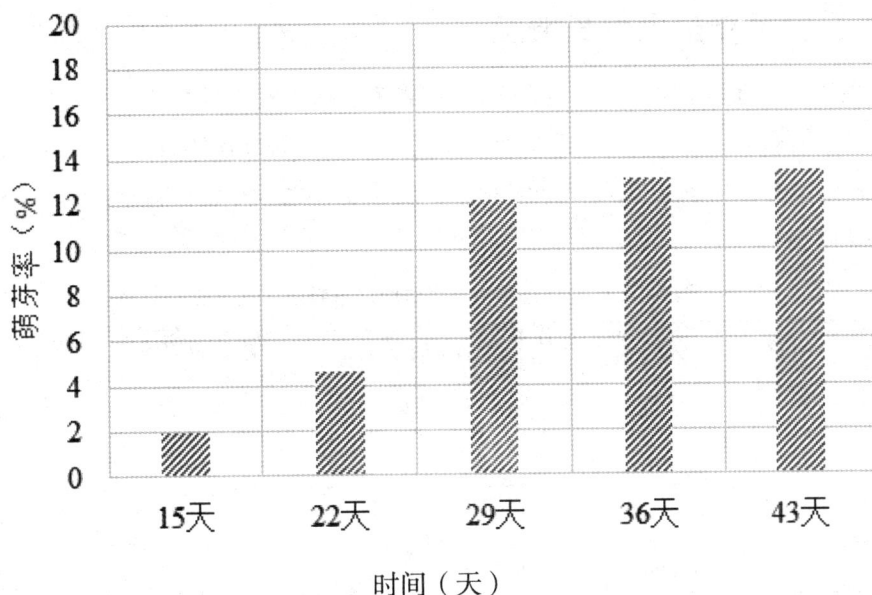

图3-4　生根苗萌芽率

3.1.3 小结

第一次引种山月桂组培苗，栽种前用 100ppm 的生根液进行快蘸处理，栽种基质用腐殖土：泥炭土：珍珠岩 =2:1:1 进行栽种。苗木在栽种 7 天之后开始落叶，生长表现最好的是花心山月桂；栽种 15 天之后开始萌芽，最先萌芽的是第 3 区中的花心山月桂、洋基嘟嘟山月桂、莎拉山月桂、飘雪山月桂；栽种 20 天到 30 天之间的萌芽数最多，其中第 3 区中萌芽数最多，萌芽率最高，栽种 40 天之后不再萌芽，平均萌芽率为 13.40%。

3.2　第二次引进山月桂组培苗栽培试验

3.2.1 引进山月桂组培苗种类

试验材料为组培苗，引种时间为 2013 年 5 月。共引进 12 个品种，72 株，分别是 Ostbo Red、Firecracker、Pink Charm、Tinkerbell、Bullseye、Starburst 、Forever Red、Red Bandit、Peppermint、Olympic Fire、Kaleidoscope、Sarah；每个品种均为 6 株。引进前植株根部均经过水洗净，无原来栽种的基质。生根液采用 100ppm 的 K-IBA；另外 6 株是在

贵阳市播种移栽的实生苗（Kalmia latifolia）。栽种基质为腐殖土、泥炭土和珍珠岩，塑料花盆 76 个，规格 17 ×20 厘米，栽种于贵州师范大学，夏季均置于荫棚下，冬季放进室内养护。栽种前苗木的处理、栽种基质、栽种方法均和首次引种相同。

3.2.2 山月桂苗木生长情况

第二次引进的生根苗用 100ppm 的 K-IAB 快蘸处理根部后进行栽培，栽培 40 天之后苗木的株高、叶长和叶宽的生长状况均无明显差异，且生长状况不好。山月桂组培苗栽种 7 天左右开始发芽，13 天之后开始陆续萌芽，发芽 3 天之后开始长新叶；栽种 35 天之后不再萌芽（表 3-1）。

表3-1　山月桂播种苗与引进组培苗栽培生长状况

区	序号	栽培品种	萌芽时间（d）	萌芽数（个）	生长状况
1	4	Tinkerbell	13	1～2	良好
1	6	Starburst	13	1～7	良好
1	13	Kalmia latifolia	7	1	长新叶
2	2	Kalmia latifolia	8	1	长新叶
2	3	Starburst	25	1～2	良好
2	6	Red Bandit	25	2	良好
2	7	Tinkerbell	13	1～2	良好
2	13	Olympic Fire	19	1～2	良好
3	2	Red Bandit	31	1～2	一般
3	3	Pink Charm	25	1～4	良好
3	4	Kalmia latifolia	10	1	长新叶
3	7	Starburst	28	1～8	良好
3	9	Olympic Fire	25	1～3	良好
3	12	Tinkerbell	28	1	一般
4	1	Pink Charm	25	4	一般
4	9	Kalmia latifolia	11	1	长新叶
4	11	Peppermint	31	1	一般
4	12	Kaleidoscope	22	1	差
4	13	Tinkerbell	25	1	一般
5	2	Olympic Fire	16	1～8	良好

区	序号	栽培品种	萌芽时间（d）	萌芽数（个）	生长状况
5	3	Kalmia latifolia	8	1	无新叶
5	4	Tinkerbell	25	2	一般
5	5	Starburst	19	4	良好
5	10	Bullseye	28	1	一般
6	1	Red Bandit	34	1	叶片有紫斑
6	2	Tinkerbell	22	7	良好
6	3	Peppermint	25	2	一般
6	8	Starburst	28	1	一般
6	10	Kalmia latifolia	9	1	长新叶
6	11	Sarah	31	3	一般

播种实生苗移栽之后 7 ~ 10 天开始萌芽，10 ~ 15 天开始长新叶，生长状况比生根苗移栽长得好；第二次引进的组培苗栽种 7 天开始落叶，13 天左右开始萌芽，16 天左右开始长新叶，20 ~ 30 天之间萌芽数最多，35 天之后不再萌芽（表 3-2）。

表3-2　第二次引进组培苗品种的萌芽时间与萌芽率

序号	栽培品种	萌芽率（%）
1	Tinkerbell	100
2	Starburst	83
3	Red Bandit	50
4	Olympic Fire	50
5	Pink Charm	33
6	Peppermint	33
7	Kaleidoscope	17
8	Bullseye	17
9	Sarah	17
10	Kalmia latifolia	100
平均萌芽率		33

第二次引进的 12 种生根苗，9 种萌芽，3 种没有萌芽，平均萌芽率为 33%；栽种第 25 天的萌芽率平均为 11%。其中萌芽率最高的是 Tinkerbell，为 100%，发芽时间最早。萌芽率最低的品种是 Firecracker、Forever Red 和 Ostbo Red。萌芽率除了最高和最低，其他品种按从高到低的顺序依次为：Starburst、Red Bandit、Olympic Fire、Pink Charm、

Peppermint、Kaleidoscope、Bullseye 和 Sarah。

3.2.3 小结

第二次引进组培苗，栽种 7 天开始落叶，13 天左右开始萌芽，16 天左右开始长新叶，20 ~ 30 天之间萌芽数最多，35 天之后不再萌芽。12 种生根苗 72 株，9 种（24 株）萌芽，3 种没萌芽。平均萌芽率为 33%；栽种第 25 天的萌芽率最高平均为 11%。其中萌芽率最高的是 Tinkerbell，萌芽时间最早（13 天），栽种第 25 天萌芽率最高为 33%；萌芽率最低的品种是 Firecracker、Forever Red 和 Ostbo Red。

播种实生苗移栽之后 7 ~ 10 天开始萌芽，10 ~ 15 天开始长新叶，生长状况比组培苗好；组培苗栽种后生长指标（株高、叶长和叶宽）基本没有发生变化，生长情况较差。

3.3 第三次引进山月桂组培苗栽培试验

3.3.1 引进山月桂组培苗种类

第三次从美国引进的山月桂组培苗，引种时间为 2014 年 3 月，引进 10 个品种，每种 6 株，共 60 株，每株苗木均带有基质。在贵州师范大学露地栽种，采用两种不同基质栽种，为园土（N1），园土 + 珍珠岩（体积比 3:1，N2），每株间距约为 20×40 厘米。深度约为 10 厘米，小心放入苗木，加适量土用手压紧，再填入泥土和地面平。栽种之后注意水分和养分的管理，每 3 天松土一次，1 月施肥一次，不定期除草。周期为 30 天，每周观察记录一次生长情况，周期结束后统计成活率。

3.3.2 山月桂苗木生长情况

第三次引进的山月桂组培苗发芽数较多，栽种 3 ~ 7 天左右开始发芽，7 ~ 10 天左右开始长叶，发芽数较多，生长状况良好（3-3）。

表3-3　第三次引进山月桂生根苗品种、株高及生长状况

编号	品种	株高	株数	生长状况
01	Carol	26.17	6	发叶芽5-10个，生长良好
02	Olympic fire	21.17	6	发芽2-3个，较好
03	Little lina	22.00	6	发芽2-8个，好
04	Thinkerbell	18.50	6	发芽3-6个，较好
05	Sarch	16.50	6	发芽2-5个，长叶3片 好

编号	品种	株高	株数	生长状况
06	Minuet	24.83	6	发芽5个，生长良好
07	Kaleidoscope	11.00	6	发芽0-2个，一般，1株叶卷
08	Tarbu	11.50	6	发芽2-7个，好
09	Snawdrift	13.67	6	发芽3-5个，好
10	Bullseye	19.17	6	发芽2-5个，较好

组培苗的平均成活率为 60%，不同的栽培基质成活率不同。采用基质 N1（园土）栽种生根苗成活率为 46.67%；采用基质 N2（园土 + 珍珠岩，体积比 3:1），栽种成活率为73.33%。山月桂栽培基质园土加入适量珍珠岩透气性较好，取得了较高的成活率（3-4）。

表3-4　第三次引进山月桂不同栽培土对组培苗品种成活的影响

编号	品种	栽培基质	成活率（%）
01	Carol	N1	0
02	Olympic fire	N1	66.67
03	Little lina	N1	100.0 0
04	Thinkerbell	N1	33.33
05	Sarch	N1	33.33
06	Minuet	N2	50.00
07	Kaleidoscope	N2	16.67
08	Tarbu	N2	100.0 0
09	Snawdrift	N2	100.0 0
10	Bullseye	N2	66.67

3.3.3　小结

第三次引进的山月桂组培苗平均成活率较高，不同的栽培基质成活率不同，用园土栽培成活率低于用园土 + 珍珠岩的混合基质。成活率高的原因是引进时带有基质，没有伤害其根部，栽培较易生根成活。园土加入珍珠岩，透气性较好，有利于根部的发育。第三次引进的山月桂组培苗萌芽数多，成活率较高，生长状况良好。

3.4 第四次引进山月桂组培苗栽培试验

3.4.1 引进山月桂组培苗种类

第四次引进的山月桂品种，引种时间为 2018 年 4 月，引进 16 个品种，每种 3 株，共 48 株，每株苗木均带有基质。苗木采用盆栽，栽种在贵州师范大学，采用园土＋腐殖土（体积比 3:1），单独上盆。

园土捣碎加入适当比例的腐殖土，采用圆形透水花盆（直径约 35 厘米），小心放入苗木，加适量土用手压紧，表面覆盖 0.5 ～ 1 厘米厚的腐殖土。栽种之后注意水分和养分的管理，前期不施肥，不定期除草等。

3.4.2 山月桂生根苗生长和成活率

第四次引进的山月桂组培苗在单独盆栽后发芽数较多，栽种 7 天左右开始萌芽，萌芽数较多，生长状况良好（表3-5）。

表3-5 第四次引进山月桂生根苗品种、株高及生长状况（30天）

编号	品种	株高	株数	生长状况
01	班渡	22.30	3	发叶芽2株，长1厘米，生长良好
02	灯塔	25.32	3	发芽2株，长1.5厘米，生长良好
03	精灵	22.00	3	发芽3株，长0.5厘米，生长良好
04	白龙	28	3	发芽3株，长0.8厘米，生长良好
05	小琳达	5.34	3	发芽1株，长0.5厘米，生长良好
06	雪堆	6.85	3	发芽3株，长1.0厘米，生长良好
07	娜妮	7.05	3	发芽1株，长0.4厘米，生长良好
08	金克娜	7.88	3	发芽3株，长3.0厘米，生长良好
09	黑色标签	4.32	3	发芽3株，长1.0厘米，生长良好
10	奥斯特	12.9	3	发芽3株，长1.0厘米，生长良好
11	纽芬兰	24.1	3	发芽3株，长2.0厘米，生长良好
12	午夜	13.3	3	发芽1株，长0.5厘米，生长良好
13	头束	9.02	3	发芽2株，长0.5厘米，生长良好
14	薄荷	14.00	3	发芽3株，长2.0厘米，生长良好

编号	品种	株高	株数	生长状况
15	泽布伦	9.56	3	发芽1株，长0.4厘米，生长良好
16	思丹乐	14.60	3	发芽3株，长2.0厘米，生长良好

栽种30天后，栽种苗木的平均成活率为95.8%（表3-6）。采用基质（菜园土：腐殖土）栽种生根苗成活率高，前期不施肥，做好除草措施即可。

表3-6　第4次引进山月桂品种成活状况（30天）

编号	品种	株数（株）	成活数（株）	成活率（%）
01	班渡	3	2	66.7
02	灯塔	3	2	66.7
03	精灵	3	3	100
04	白龙	3	3	100
05	小琳达	3	3	100
06	雪堆	3	3	100
07	娜妮	3	3	100
08	金克娜	3	3	100
09	黑色标签	3	3	100
10	奥斯特	3	3	100
11	纽芬兰	3	3	100
12	午夜	3	3	100
13	头束	3	3	100
14	薄荷	3	3	100
15	泽布伦	3	3	100
16	思丹乐	3	3	100

栽种60天后，山月桂组培苗在单独盆栽后整体发芽数增加，萌芽数较多，生长状况良好，但是黑色标签和头束山月桂死亡2株（表3-7）。

表3-7　第四次引进山月桂生根苗品种、株高及生长状况（60天）

编号	品种	株高	株数	生长状况
01	班渡	22.30	3	发叶芽2株，长1厘米，生长良好
02	灯塔	25.32	3	发芽2株，长1.5厘米，生长良好

编号	品种	株高	株数	生长状况
03	精灵	22.00	3	发芽3株，长0.5厘米，生长良好
04	白龙	28	3	发芽3株，长0.8厘米，生长良好
05	小琳达	5.34	3	发芽3株，长1.0厘米，生长良好
06	雪堆	6.85	3	发芽3株，长2.0厘米，生长良好
07	娜妮	7.05	3	发芽2株，长3.0厘米，生长良好
08	金克娜	7.88	3	发芽3株，长5.0厘米，生长良好
09	黑色标签	4.32	3	发芽1株，长1.5厘米，生长良好
10	奥斯特	12.9	3	发芽3株，长2.0厘米，生长良好
11	纽芬兰	24.1	3	发芽3株，长4.0厘米，生长良好
12	午夜	13.3	3	发芽3株，长2.0厘米，生长良好
13	头束	9.02	3	发芽1株，长3.5厘米，生长良好
14	薄荷	14.00	3	发芽3株，长6.0厘米，生长良好
15	泽布伦	9.56	3	发芽3株，长3.4厘米，生长良好
16	思丹乐	14.60	3	发芽3株，长3.0厘米，生长良好

3.4.3 小结

第四次引进的山月桂组培苗成活率高，采用的栽培基质（菜园土＋腐殖土）适宜山月桂组培苗引种盆栽，分析其原因应该与其山月桂引进时带有基质，运输过程没有伤害其根部，栽培较易成活。第四次引进的苗木发芽数较多，成活率较高，生长状况良好。山月桂栽培成活后，要注意水分和温度管理，做好防暑防晒。

第 4 章

美国山月桂的引进与栽培技术总结

4.1　山月桂的播种育苗技术

（1）选种和播种。播种前对种子进行筛选，选择较圆润饱满的种子进行播种；播种基质为腐殖土和珍珠岩（4:1），最适宜种子播种的 pH 值为 4 ~ 6 之间，采用 3% 硫酸亚铁喷洒基质是控制土壤 pH 值和土壤灭菌的有效方式。播种前提前 7 天对基质进行消毒，一般春季播种育苗。山月桂种子极小，播种采用撒播（拌过筛的腐殖土后撒播）方式进行，撒种要均匀，撒种后覆土厚度 0.1 ~ 0.5 厘米。

播种苗床需用塑料薄膜进行覆盖，苗木出土后薄膜要及时通风，温度高时还需要加盖遮阴网，温度控制和浇水是前期育苗的关键措施。

（2）苗期管理。水分和除草是苗期管理的主要内容，水分管理有条件的可以采用自动喷雾装置进行控制。由于采用酸性基质，我们在育苗过程中发现喜酸性土壤的植物较多，如蕨类和苔藓等，需要及时拔除。在山月桂幼苗期可以不施肥，适当补充松针土即可。病虫害防治方面，目前没有发现严重病虫害，未作处理。

（3）实生苗上盆。当山月桂实生苗高度在 3 ~ 5 厘米时可以考虑移栽上盆。移栽时，选择长势较好且相对较高的幼苗进行移栽，穴盘穴孔在 30 ~ 50 之间均可，基质为腐殖土：珍珠岩（2：1）的混合物，移栽后浇透水。穴盘苗成活之后，按苗期管理的技术进行水分管理。

小苗上盆采用由小及大原则。选盆要求透水性好，小苗重在养根，干生根，湿生叶。小苗生长到 10cm 左右需要换盆，换盆过程中需要剪絮状须根，缓苗一周后，有新芽萌动即可正常管理。

4.2　山月桂的扦插繁殖技术

（1）枝条采集，5 月左右的山月桂枝条比较嫩，7-8 月的枝条较成熟、养分充足、容易成活，枝条也最适合扦插；时间为早上，采集枝高的部位（直着长，健壮的枝条）；采集后的枝条放在水里或者冰柜里，枝条不能干燥。

（2）插穗制作与处理，将插穗晾干，在不同的生根剂溶液中速蘸 15 秒左右后置于荫凉处晾干，深度为基部 2 ~ 3 厘米处。

（3）扦插基质可采用泥炭土与珍珠岩（体积 1:3），混合后装入穴盘，扦插深度为插穗长度的 1/3 ~ 1/2。扦插好后将穴盘放置于温室间隙喷雾苗床上，手动喷一次水。

（4）插后管理

①保湿，用全光照自动间歇喷雾装置设计自动喷雾保湿；

②保温，扦插期间温度为 8 ~ 28℃，在温室覆盖 80％遮阳网进行遮阳降温；

③保洁，保证扦插环境的清洁干净；

④驯化，生根之后根系约 3 厘米长时开始驯化，基质为腐殖土：珍珠岩（2:1）进行移栽驯化；

⑤移栽，将生根枝条栽于 15×15 厘米的花盆中，基质可为腐殖土：泥炭土：珍珠岩的混合物。缓苗后进行施肥，每 3 月施肥一次。萌发新枝叶和根系丰满后再进行移栽。

（5）冬天做老枝扦插方法：扦插床下面采用电暖加热，上面放扦插好的植株，可以做冬季扦插。

4.3　山月桂组培苗的栽培技术

（1）组培苗栽种时间，以 3 ~ 5 月为宜，根部带有原基质的组培苗优于带部分基质或不带基质的苗。组培苗栽种时尽量带原基质，条件限制不能附带原基质栽种前需用生根液处理，块蘸 5 秒左右。根部没有原基质附带的苗木，根部要注意保湿，得到苗木之前配好基质，收到苗木后及时栽种。

（3）基质选配，一般用腐殖土、泥炭土和珍珠岩的混合物，体积比为 2:1:1；也可以用腐殖土和珍珠岩的混合物，体积比为 2:1；如采用盆栽，可以采用园土＋腐殖土（体积比 3:1），可以取得较好的成活率。

（4）栽种及管理，栽种时不宜过深，基质不宜填太满；栽种后第一次浇水必须浇透。温度和湿度的控制，夏季中午要防晒，注意遮阴，通风。根据天气变化情况进行浇水和保湿。浇水时间最好是在上午 12：00 之前或者下午 7：00 之后；冬季要防冻，观察苗木状况，少浇水或者不浇水。

（5）施肥，施缓释肥或有机肥，缓释肥一般 3 个月施肥一次；有机肥浓度一般在 50 ~ 100ppm。

（6）病害防治，在山月桂实生苗移栽生长过程中，光照太强叶片出现褐色斑点，要及时剪掉发病叶片。

4.4　山月桂引种栽培育苗条件分析

山月桂的引进，填补了我国在山月桂属研究上的空白，丰富和保育了国内植物品种资源。引种栽培苗受是否带土引进、引进时间和栽培基质等因素影响较大。在第一次引进的组培苗和第二次引进的组培苗中其根部均没有附带任何原有基质，栽培前均经过 100ppm 的生根液进行块蘸处理再栽培，都能够发芽，但最终成活率较低；之后的带土引进成活率较高。引进根部带有培养基质的山月桂对山月桂移栽平均发芽率的影响较大，直接影响苗木的最终成活率。在引进山月桂栽培生根苗时，其根部最好带有原基质，保证根部较完好，利于引进栽培之后苗木的成活。

第一次（6月）引进的山月桂栽培苗栽培的最终成活率0，组培苗是假活。其品种中花心山月桂（Tiddlywinks）的成活率最高为60%。

第二次（5月）引进的山月桂组培苗栽培的最终成活率为0，组培苗是假活。其品种中Tinkerbell的成活率最高为100%，Starburst的成活率为83%。

第三次（3月）引进的组培苗品种中，Little lina、Tarbu、Snawdrift栽培的最终成活率为100%。第三次引进山月桂组培苗栽培生长状况，以成活率和最终成活率为指标，初步筛选出四种品种：Tinkerbell、Little lina、Tarbu、Snawdrift作为适合引进贵州的品种，种植时间以3-4月为佳。

第四次（5月）引进山月桂组培苗栽培生长状况，以成活率和最终成活率为指标，处理班渡、灯塔死亡1株，其他品种如精灵、白龙、小琳达、雪堆、娜妮、金克娜、黑色标签、奥斯特、纽芬兰、午夜、头束、薄荷、泽布伦、思丹乐等全部成活。

第 5 章

山月桂人工授粉技术

　　山月桂主要靠自我授粉和昆虫授粉。由于授粉限制以及自身花药结构的局限性，结实率很低，一般都要进行人工授粉，以提高山月桂的结实率，获得较多的种子。昆虫的访问极大地提高了授粉的成功率，而蜜蜂和大黄蜂是引发爆炸性花粉释放的主要昆虫授粉媒介。山月桂花药在花丝张力下，当昆虫落在花上时花丝张力会突然释放，花药会自行将花粉释放到花朵的雌蕊上。Real 和 Rathcke 发现昆虫对花朵的取决于年花蜜的产量，且每年的产量差异较大。山月桂十个雄蕊的花丝在花的发育过程中将花药推入花冠的十个口袋中，花药被固定在这些口袋中并在昆虫或外力触发时以爆炸性方式释放花粉，这是山月桂的一种特殊授粉机制。

图6-1　山月桂的花

　　人工授粉的结实率要高于自然授粉的结实率，说明山月桂的自然授粉机制效率很低。尽管自然授粉对山月桂的结实率没有帮助，但可以确保在没有授粉媒介的情况下完成繁殖。由于人工授粉的高效率，山月桂的杂交育种得以开展，并不断孕育了大量的优良品种。

　　盆栽山月桂人工授粉其主要做法是在4-5月山月桂盛开的时候，选择长势好，花色美的健壮母本，移至温室，每盆选留花朵大、开花早的花3-4朵，摘去雄蕊和花附近的新芽，使养分集中，待到花柱头上出现粘液时，即用新毛笔蘸取父本的花粉去涂抹。授粉一周后，将花盆移至室外，加强水肥管理，大概经过5-6个月的生长发育，到11-12月即可见到果实逐渐由青色变为褐色，种子就成熟了。随即将其采下，让其阴干，置于阴凉通风处。山月桂种子很细小，不宜长时间贮存，否则发芽率低。

参考文献

[1] 卜慕华. 我国栽培作物来源的探讨 [J]. 中国农业科学, 1981, （4）: 86-96.

[2] 才淑英. 园林花木扦插育苗技术 [M]. 北京: 中国林业出版社, 1982.

[3] 曹艳云, 郝海坤, 潘月芳, 等. 大叶铄容器育苗试验 [J]. 广西林业科学, 2008, 37（3）: 150-152.

[4] 陈训, 巫华美. 比利时杜鹃的扦插繁殖试验及栽培 [J]. 贵州科学. 2000, 18（40）: 311-312.

[5] 陈训, 巫华美. 贵州杜鹃花 [M]. 贵阳: 贵州科技出版社, 2003.

[6] 陈训. 5 种药用杜鹃种子形态研究 [J]. 中国中药杂志, 1999, 24（61）: 334～335.

[7] 陈训. 杜鹃属三亚属种子形态 [M]. 贵阳: 贵州科学技术出版社, 1998.

[8] 陈有民. 园林树木学 [M]. 北京: 中国林业出版社, 1990.

[9] 樊丛令, 陈训, 刑晋宁. 不同处理对露珠杜鹃种子萌发的影响 [J]. 种子, 2011, 30（4）: 106-108.

[10] 付远洪, 钱沉鱼, 李朝婵, 等. 不同浓度赤霉素对伴娘山月桂种子萌发的影响 [J]. 种子, 2017, 36（2）: 5-8.

[11] 高贵龙, 龙秀琴, 胡晓京, 等. 赤霉素对两种高山杜鹃种子发芽的影响 [J]. 种子, 2010, 29（5）: 22-25.

[12] 耿玉英. 大白花杜鹃的迁地保护及种子繁殖 [J]. 中国植物园, 2001, （6）: 136-143.

[13] 贵州植物志编辑委员会编. 贵州植物志 [M]. 贵州人民出版社, 1986.

[14] 贵州植物志编委会. 贵州植物志（第三卷）[M]. 贵阳: 贵州人民出版社, 1990.

[15] 郭良科, 李献明, 李彦东. 黄连木容器育苗及造林技术 [J]. 林业实用技术, 2007, 12（6）: 22-23.

[16] 郭素娟. 林木扦插生根的解剖学及生理学研究进展 [J]. 北京林业大学学报, 1997, 19（4）: 92-94.

[17] 哈特曼. 植物繁殖原理和技术 [M]. 郑邢文, 译. 北京: 中国林业出版社, 1985.

[18] 胡海峰. 高温胁迫下两个山月桂（Kalmia latifolia）品种的生理响应 [C]. 中国观赏园艺研究进展, 2016: 436-442.

[19] 黄勇, 李福成, 郭善利. 名贵花卉的繁育与栽培技术 [M]. 济南: 山东科技出版社, 2000.

[20] 贾娟, 姚延寿, 史敏华, 等. 生根剂促进械树植物扦插繁殖的研究进展 [J]. 西北林学院学报, 2010, 25（4）: 107-109.

[21] 江瑞荣. 不同营养基质及播种方式对木荷容器苗生长的影响 [J]. 林业科技开发, 2003, 17: 20-22.

[22] 金培峰, 边才苗, 杨武杰, 等. 云锦杜鹃种子繁殖及幼树移栽试验 [J]. 浙江林业科技, 2007, 27（2）: 34-53.

[23] 金善宝, 庄巧生, 李竞雄, 等. 中国农业百科全书: 农作物卷 [M]. 北京: 农业出版社, 1991.

[24] 黎明, 郭文福. 红锥容器苗基质试验简报 [J]. 广西林业科学, 2006, 35（1）: 3l-33.

[25] 李朝婵, 赵云龙, 张冬林, 等. 长蕊杜鹃扦插内源激素变化及解剖结构观察 [J]. 林业科学研究, 2012, 25（3）: 360-365.

[26] 李春喜, 王志和, 王文林. 生物统计学 [M]. 科学出版社, 2002.

[27] 李何. 山月桂应用现状及扦插繁殖技术 [D]. 中南林业科技大学, 2014.

[28] 李苇洁, 陈训. 马缨杜鹃林区枯落物与土壤持水量性研究 [J]. 贵州科学, 2005, 23（2）: 60-65.

[29] 刘乐, 盘李军, 蔡静如, 等. 广东省几种野生杜鹃花植物的种子发芽条件研究 [J]. 广东园林, 2007（5）: 41-43.

[30] 刘勇. 苗木质量调控理论与技术 [M]. 北京: 中国林业出版社, 1999.

[31] 刘中柱. 育苗基质主要成分概述 [J]. 河北林业科技, 2009（3）: 46-47.

[32] 龙雅宜. 园林植物栽培手册 [M]. 北京: 中国林业出版社, 2003.

[33] 鲁如坤. 土壤农业化学分析方法 [M]. 北京: 中国农业科技出版社, 2000.

[34] 马海林, 刘方春, 马丙尧, 等. 刺槐容器育苗基质特性及其评价 [J]. 东北林业大学学报, 2010, 38（11）: 38-41.

[35] 马继锋, 李娟, 李华, 等. 迎红杜鹃播种育苗技术 [J]. 林业实用技术, 2011, （8）: 34-35.

[36] 彭闪江, 黄忠良, 彭少麟, 等. 植物天然更新过程中种子和幼苗死亡的影响因素 [J]. 广西植物, 2004, 24（2）: 113-121.

[37] 彭邵锋, 陈永忠, 陆佳. 不同育苗基质对油茶良种容器苗生长的影响 [J]. 中南林业科技大学学报, 2009, 29（1）: 25-31.

[38] 全文选, 李朝婵, 付远洪, 等. 加快伴娘山月桂播种实生苗出苗的方法. ZL201610456098.0

[39] 任书杰, 张雷明, 张岁歧, 等. 氮素营养对小麦根冠协调生长的调控 [J]. 西北植物学报, 2003, 23（3）: 395-400.

[40] 石登红, 陈训. 不同处理方法对黄杜鹃种子萌发的影响 [J]. 种子, 2010, 29（9）:

91-93.

[41] 时鑫, 颜卫东, 朱西存. 斑叶络石嫩枝扦插技术 [J]. 河北林业科技, 2002, 12（16）: 39.

[42] 史玉群. 全光照喷雾嫩枝扦插育苗技术 [M]. 北京: 中国科学技术出版社, 2001.

[43] 宋松泉, 程红焱, 龙春林, 等. 种子生物学研究指南 [M]. 科学出版社, 2005: 57-61.

[44] 宋自力, 廖登文, 刘帅成, 等. 种苗的地位与现状及其发展策略 [J]. 湖南林业科技, 2002, 29（2）: 34-37.

[45] 孙其信. 作物育种学 [M]. 高等教育出版社. 2011.

[46] 孙时轩. 造林学第 2 版 [M]. 北京: 中国林业出版社, 1990.

[47] 王晶英, 敖红, 张杰, 等. 植物生理生化实验技术与原理 [M]. 哈尔滨: 东北林业大学出版社, 2003.

[48] 王述民, 李立会, 黎裕, 等. 中国粮食和农业植物遗传资源状况报告 I [J]. 植物遗传资源学报, 2011, 12（1）: 1-12.

[49] 王述民, 李立会, 黎裕, 等. 中国粮食和农业植物遗传资源状况报告 II [J]. 植物遗传资源学报, 2011, 12（2）: 167-177.

[50] 王涛. ABT 生根粉与增产灵的作用原理及配套技术 [M]. 北京: 中国林业出版社, 1993.

[51] 王涛. 植物扦插繁殖技术 [M]. 北京: 科学技术出版社, 1989.

[52] 王烨军. 茶树扦插繁殖研究进展 [J]. 茶业通报, 2001, 23（1）: 31-32.

[53] 维尔弗里德·布兰特. 林奈传 - 才华横溢的博物学家. 商务印书馆, 2017.

[54] 吴征镒. 中国植物志 [M]. 北京: 科学出版社, 1999.

[55] 邢文, 蔡梦颖, 曾雯, 等. 山月桂'奥运圣火'的组织培养与高效生根 [J]. 云南农业大学学报（自然科学）, 2017, 32（1）: 89-94.

[56] 徐娟, 于德利, 刘焕婷. 兴安杜鹃和迎红杜鹃种子、幼苗及苗木生长特性研究 [J]. 森林工程, 2010, 26（2）: 24-26.

[57] 张东林, 束永志, 陈薇. 园林苗圃育苗手册 [M]. 中国农业出版社, 2003.

[58] 张纪卯. 毛果青冈 1 年生苗木生长规律及相关关系 [J]. 中南林学院学报, 2006, 26（3）: 59-62.

[58] 张心昱, 陈利顶. 农田生态系统不同种植方式与管理措施对土壤质量的影响 [J]. 应用生态学报, 2007, 18（2）: 303-309.

[60] 张长芹, 冯宝钧, 赵革英, 等. 杜鹃花的种子繁殖 [J]. 云南植物研究, 1992, 14（1）: 87-91.

[61] 赵勇刚, 高克蛛. 论林木的无性繁殖及其应用 [J]. 山西林业科技, 1996, 9（3）: 12-15.

[62] 郑殿升，刘旭，卢新雄，等.农作物种质资源收集技术规程 [M].北京：中国农业出版社，2007.

[63] 郑殿升.中国引进的栽培植物 [J].植物遗传资源学报，2011，12（6）：910-915.

[64] 周静波，卜崇兴，姚永康，等.四季秋海棠无土栽培营养液配方的筛选 [J].安徽农业大学学报，2007，34（4）：551-554.

[65] 周穆杰.山月桂组培苗生根实验 [C].中国观赏园艺研究进展，2016：590-594.

[66] 周武忠.用组培法繁殖的山月桂品种 [J].中国花卉盆景，1987（6）：38-39.

[67] 周艳，黄丽华，陈训.山月桂的播种育苗技术 [J].种子，2014，33（5）：123-125.

[68] 周艳.山月桂的引种试验研究 [D].贵州师范大学，2014.

[69] 朱耀军.牡丹茎扦插繁殖技术及生根机理初步研究 [D].北京：中国林业科学研究院，2007.

[70] Aboal, J.R., Saavedra, S. Hernández-Moreno, J.M. Edaphic heterogeneity related to below-canopy water and solute fluxes in a Canarian laurel forest[J]. Plant Soil，2015，387：177-188.

[71] Al-Hamdani, Safaa H.; Nichols, P. Brent; Cline, George R. Seasonal changes in the spectral properties of mountain laurel（Kalmia latifolia L., Ericaceae）in north east Alabama[J]. Castanea，2002，67（1）：25-32.

[72] Anderson W. C. Propagation of Rhododendrons by Tissue Culture：PartI. Development of a Culture Medium for Mul triplication of Shoots [J].Proc .Intl .Plant Prop. Soc，1975，25：129.

[73] Arévalo, J.R., Fernández-Palacios, J.M. Spatial patterns of trees and juveniles in a laurel forest of Tenerife, Canary Islands. Plant Ecology，2003，165：1-10.

[74] Brose P H, Miller G W. . A comparison of three foliar-applied herbicides for controlling mountain laurel thickets in the mixed-oak forests of the central Appalachian Mountains, USA[J]. Forest Ecology and Management，2019，432：568-574.

[75] Brose P H. An evaluation of seven methods for controlling mountain laurel thickets in the mixed-oak forests of the central Appalachian Mountains, USA[J]. Forest Ecology and Management，2017，401：286-294

[76] Brose P H. Origin, development, and impact of mountain laurel thickets on the mixed-oak forests of the central Appalachian Mountains, USA[J]. Forest Ecology and Management，2016，374：33-441.

[77] Callin M. Switzer, Stacey A. Combes, and Robin Hopkins. Dispensing Pollen via Catapult：Explosive Pollen Release in Mountain Laurel（Kalmia latifolia）[J]. The American Naturalist 2018，191（6）：767-776.

[78] Crawford A. C. , Mountain Laurel, a Poisonous Plant. Bureau of Plant Industry, U. S. Department of Agriculture, Bulletin No. 121, 1908.

[79] Day, F P., Jr.; Monk, Carl D. Vegetation patterns on a southern Appalachian watershed[J]. Ecology, 1974, 55（5）: 1064-1074.

[80] Doss R P, Hatheway W H. Hrutfiord B F. Composition of essential oils of some lipidote Rhododendrons[J]. Phychemistry, 1986, 25（71）: 1637-1640.

[81] Ebinger J. E. , "Laurels in the Wild", in Kalmia: The Laurel Book II, ed. R.A. Jayne Portland, OR: Timber Press, 1988, 15-42;

[82] Fernández-Palacios J M, Arévalo J R. Regeneration strategies of tree species in the laurel forest of Tenerife（The Canary Islands）[J]. Plant Ecology 1998, 137: 21-29.

[83] Frank N. Sperling, Richard Washington, Robert J. Whittaker in Climatic Change（2004）. Future Climate Change of the Subtropical North Atlantic: Implications for the Cloud Forests of Tenerife.

[84] Galle F C. Rhododendron[M].Oregon: Timber Press, 1987.15-18.

[85] Glenn CT, Blazich FA, WarrenS.L.Influence of Storage Temperatureson Long-term Seed Viability of Seleceous Species[J]. J.Environ Hort, , 1998, 16（3）: 166-172.

[86] Hagan, D L.; Waldrop, T A.; Reilly, M; et al. Impacts of repeated wildfire on long-unburned plant communities of the southern Appalachian Mountains[J]. International Journal of Wildland Fire 2015, 24（7）911-920.

[87] Hasegawa S, Meguro A, Toyoda K, Nishimura T, Kunoh H Drought tolerance of tissue-cultured seedlings of mountain laurel（Kalmia latifolia L.）induced by an Endophytic actinomycete II. acceleration of calloseaccumulation and lignification[J]. Actinomycetologica, 2005, 19（1）: 13-17.

[88] Hasegawa S, Meguro A, Nishimura T, Kunoh H Drought tolerance of tissue-cultured seedlings of mountain laurel（Kalmia latifolia L.）induced by an endophytic actinomycete. I. Enhancement of osmotic pressure in leaf cells. Actinomycetologica, 2004, 18: 43-47.

[89] Hawklus B J, Henry G, Kiiskila S B R.Biomass andnutrient allocation in Douglas-fir and amabilis fir seed-lings: influence of growth rate and nutrition[J].Tree Physiologist, 1998, 18（12）: 803-810.

[90] Herrera F, Castillo J E, Lopez-Bellido R J, et a1. Replacement of apeat-lite medium with municipal sclid waste compost for growing melon（Cucumis melo）transplant seedlings[J]. Compost Science and Utilization, 2009, 17（1）: 31-39.

[91] Iapchino G, Chn THH, Fuchigami LH. Adventitious Shoot Production froma Vireya Hybrid of Rhododendron. HortSci., 1991, 26（5）: 594 ~ 596.

[92] Jaynes Richard A.. Inheritance of ornamental traits in mountain laurel, Kalmia latifolia[J]. Narnia, 1981, 72（4）.

[93] Jaynes, Richard A. 1971. Seed germination of six Kalmia species[J]. Journal of the American Society of Horticultural Science. 96（5）：668-672.

[94] Jaynes, RA. Kalmia：Mountain Laurel and Related Species. Portland, OR：Timber Press. 1997. ISBN 0-88192-367-2.

[95] Keeler, Harriet L. Our Native Trees and How to Identify Them. New York：Charles Scribner's Sons. 1900. pp. 186-189.

[96] Klocke J A, Hu M Y, Chiu S F, et al. Grayanoid ditcrpene insectantifeedants and insecticides from Rhododendron molle[J].Phytochemistry, 1991, 30（6）：1797-1800.

[97] Kurmes, Ernest Alexander. 1961. The ecology of mountain laurel in southern New England. New Haven, CT：Yale University. 85 p. Dissertation.

[98] Levri, M A.; Real, L A. The role of resources and pathogens in mediating the mating system of Kalmia latifolia. Ecology. 1998, 79（5）：1602-1609.

[99] Levy Y Y, Dean C. The transition to flowering[J].The Plant Cell, 1998, 10（12）：1973-1990.

[100] Li, H; Zhang, DL. In Vitro Seed Germination of Kalmia latifolia L. Hybrids：A Means for Improving Germination and Speeding Up Breeding Cycle[J].HortScience, 2018, 53（4）：535-540.

[101] Lipscomb, M. V.; Nilsen, E. T. 1990. Environmental and physiological factors influencing the natural distribution of evergreen and deciduous ericaceous shrubs on northeast and southwest facing slopes of the southern Appalachian Mountains. I. Irradiance tolerance[J]. American Journal of Botany. 77（1）：108-115.

[102] Lloyd G. and McCown. Commercially-feasible micropropagation of mountain laurel, Kalmia latifolia, by use of shoot-tip culture. B., Int. Plant Prop. Soc. Proc, 1980, 30, 421.

[103] Marrero, Manuel V., Oostermeijer, Gerard, Nogales, Manuel, Van Hengstum, Thomas, Saro, Isabel, Carque, Eduardo, Sosa, Pedro A., Banares, Angel. Comprehensive population viability study of a rare endemic shrub from the high mountain zone of the Canary Islands and its conservation implications[J]. Journal for nature conservation, 2019, 47：65-76.

[104] McNabb, W. Henry . United States Forest Service. United States Department of Agriculture. 2015.

[105] Monk, C D.; McGinty, Douglas T.; Day, Frank P., Jr. The ecological importance of Kalmia latifolia and Rhododendron maximum in the deciduous forest of the

southern Appalachians. Bulletin of the Torrey Botanical Club. 1985，112（2）：187-193.

[106] Morales，D.，Jiménez，M.，González-Rodríguez，A. et al. Laurel forests in Tenerife，Canary Islands[J]. Trees，1996，11：41-46.

[107] Morales，D.，Jiménez，S.M.，González-Rodríguez，A.M. et al. Laurel forests in Tenerife，Canary Islands[J]. Trees，2002，16：529-537.

[108] Nagy E S，Strong L，Galloway L F. Contribution of Delayed Autonomous Selfing to Reproductive Success in Mountain Laurel，Kalmia latifolia（Ericaceae）[J]. The American Midland Naturalist，1999，142（1），39-46.

[109] Nakayama M，Yamane H，Nojiri H，eta1.Qualitative and quantitative analysis of endogenous gibberellin in Raphanus sativus L. during cold treatment and the subsequent growth[J]. Biosci Biotech Biochem，1995，59：121-125.

[110] Nimmo，John R.；Hermann，Paula M.；Kirkham，M. B.；Landa，Edward R. Pollen Dispersal by Catapult：Experiments of Lyman J. Briggs on the Flower of Mountain Laurel[J]. Physics in Perspective. 2014，16（3）：371-389.

[111] Norton A H.. Mountain Laurel（Kalmia latifolia）at Cherryfield，Maine[J]. Rhodora，1931，33（393）.

[112] Powlson D.S.，Brookes P.C.and Christen B.T..Measurement of soil microbial biomass provides an early in dication of changes in total soil organic matter due to straw in corporation [J]. Soil Biology and Biochem，1987，19（2）：159-164.

[113]Rathcke B，Real L. Autogamy and Inbreeding Depression in Mountain Laurel，Kalmia latifolia（Ericaceae）[J]. American Journal of Botany，1993，80（2）：143-146.

[114] Real，L A.；Rathcke，B J. Individual variation in nectar production and its effect on fitness in Kalmia latifolia[J]. Ecology，1991，72（1）：149-155.

[115] Royo，A.A.，Carson，W.P.，2006. On the formation of dense understory layers in forests worldwide：consequences and implications for forest dynamics，biodiversity，and succession[J]. Can. J. For. Res. 36，1345–1362.

[116] Royo，A.A.，Carson，W.P.，2008. Direct and indirect effects of a dense understory on tree seedling recruitment in temperate forests：habitat-mediated predation versus competition[J]. Can. J. For. Res. 38，1634–1645.

[117] Russell，Alice B.；Hardin，James W.；Grand，Larry；Fraser，Angela. "Poisonous Plants：Kalmia latifolia". Poisonous Plants of North Carolina. North Carolina State University. 2011.

[118] Schafale，M.P. and A.S. Weakley. 1990. Classification of the Natural Communities of North Carolina，Third Approximation. NC Natural Heritage Program，Raleigh，NC，USA.

[119] Št ě pánek J. Jaynes，R.A.：Kalmia . Mountain Laurel and Related Species[J].

Biologia Plantarum，2002，45（3）：400.

[120] Stevens P.F. Luteyn J.，Oliver，E. G. H. Bell T. L.，Brown E. A.，CrowdenR. K.，GeorgeA. S.，Jordan G. J.，Ladd P.，Lemson K.，"Ericaceae，" in The Families and Genera of Vascular Plants，ed. K. Kubitzki（Berlin：Springer，2004），6：145–194.

[121] Switzer C M，Combes S A，Hopkins R. Dispensing Pollen via Catapult：Explosive Pollen Release in Mountain Laurel（Kalmia latifolia）[J]. The American naturalist，2018，191（6）：767 - 776.

[122] Villadas，P.J.；Díaz-Díaz，S.；Rodríguez-Rodríguez，A.；del Arco-Aguilar，M.；Fernández-González，A.J.；Pérez-Yépez，J.；Arbelo，C.；González-Mancebo，J.M.；Fernández-López，M.；León-Barrios，M. The Soil Microbiome of the Laurel Forest in Garajonay National Park（La Gomera，Canary Islands）：Comparing Unburned and Burned Habitats after a Wildfire[J]. Forests 2019，10，1051.

[123] Waterman，J.R. Gillespie，A.R. Vose，J.M. Swank，W.T. The influence of mountain laurel on regeneration in pitch pine canopy gaps of the Coweeta Basin，North Carolina，U.S.A.[J]. Canadian Journal of Forest Research，1995，25（11）：1756-1762.

[124] Wilson，B. F. and J. F. O'Keefe. 1983 . Mountain laurel（Kalmia latifolia L.）distribution in Massachusetts[J]. Rhodora 85：115-123.

[125] Wunderlin，R. P.，B. F. Hansen，A. R. Franck，and F. B. Essig. Atlas of Florida Plants（http：//florida.plantatlas.usf.edu/）. [S. M. Landry and K. N. Campbell（application development），USF Water Institute. Institute for Systematic Botany，University of South Florida，Tampa，2020.

[126] Zomlefer W. B.，Guide to Flowering Plant Families. Chapel Hill，NC：University of North Carolina Press，1994.

木本植物培养基（WPM）含维生素

McCown Woody Plant medium including vitamins

Micro Elements（微量元素）	mg/l
$CuSO_4.5H_2O$	0.25
FeNaEDTA	36.70
H_3BO_3	6.20
$MnSO_4.H_2O$	22.30
$Na_2MoO_4.2H_2O$	0.25
$ZnSO_4.7H_2O$	8.60

Macro Elements（大量元素）	mg/l
$CaCl_2$	72.50
$Ca（NO_3）2.4H_2O$	471.26
KH_2PO_4	170.00
K_2SO_4	990.00
$MgSO_4$	180.54
NH_4NO_3	400.00

Vitamins（维生素）	mg/l
Glycine	2.00
myo-Inositol	100.00
Nicotinic acid	0.50
Pyridoxine HCl	0.50
Thiamine HCl	1.00

Total concentration Micro and Macro elements including -vitamins：2462.60 mg/l.

Lloyd G. and McCown. Commercially-feasible micropropagation of mountain laurel, **Kalmia latifolia**, by use of shoot-tip culture. B, Int. Plant Prop. Soc. Proc. 30, 421（1980）.

附 图

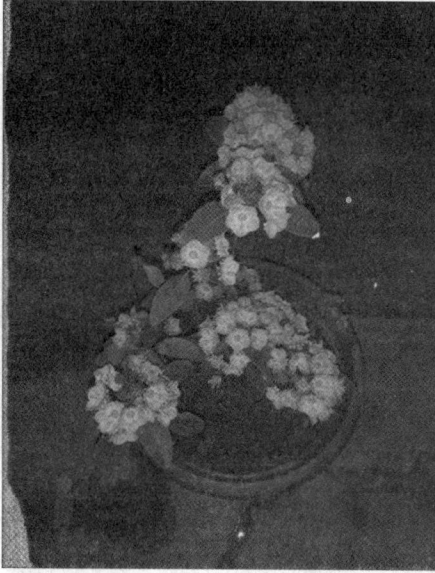

山月桂播种（2016年5月）

山月桂播种10个月

山月桂播种18个月

山月桂播种24个月

山月桂播种28个月

山月桂播种30个月移栽　　　　　　　山月桂播种36个月移栽苗

附图：以下山月桂图片来源自网络

星期六
3 月 21 日　　　　　庚子年
　　　　　　　　　　鼠年
　　　　　　　　　　二月廿八

KALMIA latifolia.　　　KALMIA a f⁰ larger.

《林奈植物性别系统画册》（出版于1800年左右）　　　山月桂标本绘图1

山月桂标本绘图2

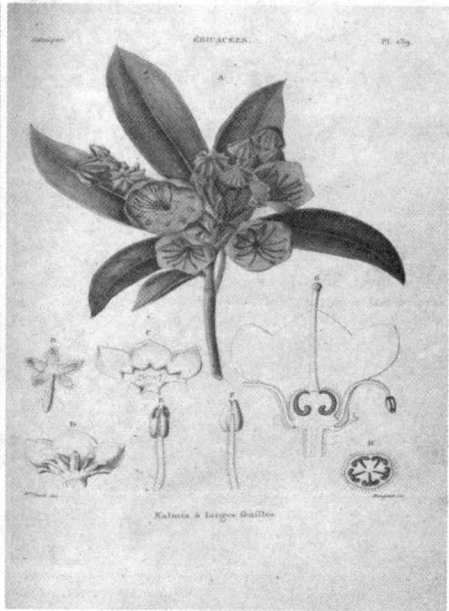

山月桂标本绘图3

山月桂标本绘图4

山月桂标本绘图5

山月桂标本绘图6

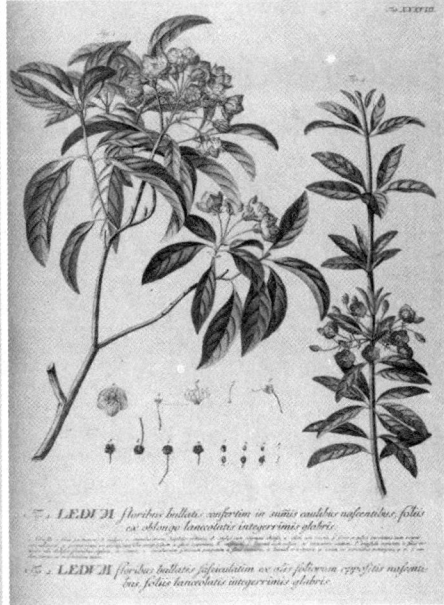

山月桂标本绘图7

山月桂标本绘图8

山月桂标本绘图9